幼菇期

成熟期

开伞期

装袋扎口

料袋灭菌

YGQ系列灭菌柜

排场冷却

接种箱接种

菌袋排架

开口诱蕾

架层立袋长菇

卧袋墙式长菇

长势喜人

规范化菇房

野外简易草棚

枝桠材切碎机

自走式拌料机

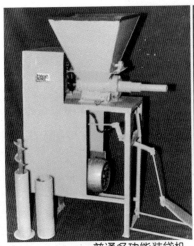
普通多功能装袋机

菌渣脱膜破碎机（周星供）

茶薪菇规范化高效生产新技术

编委会

主　　任　　郑立武

副主任　　陈显勤　　丁湖广

成　　员　　林晓宏　　阙庆州　　郑仰蒲

　　　　　　汤福太　　周文彬　　周诗连

组编单位　　福建省古田县劳动和社会保障局

编著者　　陈夏娇　　彭高平　　郑传强

　　　　　　汤积强　　黄庆询　　张玲琴

　　　　　　阙洋洋　　钟冬季　　钟秀媚

　　　　　　周　亮　　周　星　　陆志敏

金盾出版社

内 容 提 要

茶薪菇为食用菌产业中的名优产品,深受市场欢迎。本书以科学发展观为主线,安全生产为手段,系统地介绍茶薪菇规范化高效生产基础条件,菌种规范化制作工艺,规范化高效栽培管理技术,多样性高效栽培管理技术,病虫害规范化防控,产品规范化保鲜与加工技术6个部分。内容新颖,技术规范,针对性和可操作性强,适合新型农民职业技能实用技术培训和广大菇农生产应用,对农林院校师生、科研人员有参考价值,亦可作为高等职专技能培训教材。

图书在版编目(CIP)数据

茶薪菇规范化高效生产新技术/陈夏娇等编著 . -- 北京 :金盾出版社,2012.1
ISBN 978-7-5082-7251-1

Ⅰ.①茶… Ⅱ.①陈… Ⅲ.①食用菌—蔬菜园艺 Ⅳ.①S646.1

中国版本图书馆 CIP 数据核字(2011)第 220996 号

金盾出版社出版、总发行
北京太平路 5 号(地铁万寿路站往南)
邮政编码:100036 电话:68214039 83219215
传真:68276683 网址:www. jdcbs. cn
封面印刷:北京蓝迪彩色印务有限公司
彩页正文印刷:北京金盾印刷厂
装订:永胜装订厂
各地新华书店经销
开本:850×1168 1/32 印张:6.375 彩页:4 字数:146 千字
2012 年 1 月第 1 版第 1 次印刷
印数:1~8 000 册 定价:13.00 元
(凡购买金盾出版社的图书,如有缺页、
倒页、脱页者,本社发行部负责调换)

序 言

茶薪菇是我国食用菌产业中新开发的名优品种之一,其质地清脆爽口,香味浓郁,含有丰富的营养成分,而且保健药用功效明显,成为深受消费者欢迎的一种高蛋白质、低脂肪,可食可补的食品,市场日益扩大,生产不断发展。"中国食用菌之都"福建省古田县茶薪菇产量占全国总产量 40%多,成为食用菌产业中的亮点品种。

随着国家《食品安全法》和《农产品质量安全法》的实施,广大民众安全意识增强,"买放心菜,吃安全菇",从田园到餐桌,卫生安全,已成为时尚消费的渴望和追求。尤其产品出口要跨越世界贸易门槛,需经绿色壁垒、技术壁垒的严格考验。形势发展要求茶薪菇产业必须在现有基础上,加快转型升级,引导走向安全高效规范化生产新技术方向发展,这是时代赋予从事茶薪菇科研、生产、加工、流通整个产业链每个单位和个人势在必行的新任务。

胡锦涛总书记在党的十七大报告中指出,要培育有文化、懂技术、会经营的新型农民,发挥亿万农民在建设新农村中的主体作用。

十二五时期(2011—2015 年)是我国全面建设小康社会的关键时期,是深化改革开放,加快转变经济发展方式的攻坚时期,作为实施"阳光工程"的政府职能部门——福建省古田县劳动和社会保障局,全方位服务地方经济发展,围绕现代农业新技术,以着力培养新型农民职业技能，加快农村劳动力转移就业为己任，面对我国茶薪菇产业转型升级，科学发展的新要求，特组织编写《茶薪菇规范化高效生产新技术》书籍，期间由古田县老科协丁湖广高级农艺师牵头，邀请省内外食用菌专家参与具体施行，并在技术上把关。

　　本书的出版希望能为全国各地开展新型农民职业技能培训，提供一份可读性教材和种菇致富实用技术，共同推进全面实现小康社会，这是我们的最大心愿。限于时间和水平，书中不足和错漏之处，敬请广大读者批评与指正。

郑立武

　　注：郑立武任福建省古田县劳动和社会保障局局长。

目　录

目　录

一、茶薪菇规范化高效生产基础条件

（一）产地环境条件要求

茶薪菇无公害栽培场地的生态环境，应按 FB/T 184071—2001《农产品安全质量　无公害蔬菜产地环境要求》的条件，或者符合农业部农业行业标准 NY/5358—2007《无公害食品　食用菌产地环境条件》的要求，在 5 千米以内无厂矿企业污染源；3 千米之内无生活垃圾堆放和填埋场、工业固体废弃物和危险废弃物堆放和填埋物等。重点检测土壤、水源水质和空气这三个方面的质量。

1. 土壤质量标准

无公害产地土壤质量要求见表 1-1。

表 1-1　生产用土中各种污染物的指标要求

项　目	指标值（毫克/千克）
镉（以 Cd 计）	≤0.40
总汞（以 Hg 计）	≤0.35
总砷（以 As 计）	≤25
铅（以 Pb 计）	≤50

2. 水源水质标准

无公害栽培生产用水，各种污染物含量应符合表 1-2 中的指标。

表 1-2　生产用水各种污染物的指标要求

项　目	指标值
浑浊度	≤3 度
臭和味	不得有异臭、异味
总砷(以 As 计)(毫克/升)	≤0.05
总汞(以 Hg 计)(毫克/升)	≤0.001
镉(以 Cd 计)(毫克/升)	≤0.01
铅(以 Pb 计)(毫克/升)	≤0.05

3. 空气质量标准

无公害产地空间要求大气无污染,空气质量指标要符合表 1-3 的要求。

表 1-3　环境空气质量标准

项　目	指　标	
	日平均	1 小时平均
总悬浮颗粒物(TSP)(标准状态)(毫克/米³)	0.30	—
二氧化硫(SO₂)(标准状态)(毫克/米³)	1.5	0.50
氮氧化物(NOₓ)(标准状态)(毫克/米³)	0.10	0.15
氟化物(F)(微克/分米²天)	5.0	—
铅(标准状态)(微克/米³)	1.5	—

(二)栽培基质安全性保证

1. 无害化原材料选择

茶薪菇培养料的原料,主要以含木质素和纤维素的农林业下脚料为主,如杂木屑、棉籽壳、玉米芯、甘蔗渣等秸秆、籽壳,并辅以农业副产品的麦麸或米糠等。栽培原料应按照 NY 5099-2002《无公害食品 食用菌栽培基质安全技术要求》的农业行业标准执行。下面详细介绍适于茶薪菇生产的几类原料。

(1)适生树木屑 适于茶薪菇培养料的树木种类为常绿阔叶树,其营养成分、水分、单宁、生物碱含量的比例及木材的吸水性、通气性、导热性、质地、纹理等物理状态,适于茶薪菇菌丝生长。杂木屑一般含粗蛋白质 1.5%、粗脂肪 1.1%、粗纤维 71.2%、可溶性碳水化合物 25.4%、碳氮比(C/N)约 492:1。下面介绍适于茶薪菇生产的树木 16 个科属 87 个品种,供选用(表 1-4)。

表 1-4 适合茶薪菇培养料的树木名称

科 属	树木名称
壳斗科	青冈栎、栓皮栎、栲树、抱栎、白栎、蒙栎、麻栎、槲栎、大叶槠、甜槠、红锥、板栗、茅栗、刺叶栎、柞栎、红勾映、粗穗栲、硬叶稠、丝栗栲、桂林栲、南岭栲、刺栲、红钩栲
桦木科	光皮桦、西南桦、黑桦、桤木、水冬瓜、枫桦、赤杨、白桦
桑树科	桑、鸡桑、构树
榛树科	鹅耳枥、大穗鹅耳枥、千金榆、白山果、榛子
豆 科	黑荆、澳洲金合欢、银荆、银合欢、山槐、胡枝子

续表 1-4

科　属	树木名称
金缕梅科	枫香、蕈树、中华古阿丁枫、短萼枫香、光叶枫香、蚊母树
杜英科	杜英、猴欢喜、薯豆、中华杜英、剑叶杜英
胡桃科	枫杨、化香、核桃楸、黄杞
榆树科	白榆、大叶榆、青榆、榆树、朴树
槭树科	枫、白牛子、盐肤木、杧果、野漆、黄连木
杨柳科	大青杨、白杨、山杨、朝鲜柳、大白柳、柳树
木樨科	水曲柳、花曲柳、白蜡树
悬铃科	法国梧桐
天戟科	马蹄浪
藤　科	多花山竹子
蔷薇科	桃、李、苹果、山缨花

在收集杂木屑时注意以下三个方面。

①**剔除含抗菌性木屑**　含有油脂、脂酸、精油、醇类以及芳香性抗菌或杀菌物质的树种,如松、柏、杉、樟、洋槐、夜桓树等不宜直接取用,必须经过技术处理,排除有害物质后方可使用。

②**草酸浸泡木屑不适用**　木器加工厂所采用的树种多为优质杂木,如栲、槠、槠、栎等,用于加工螺丝刀柄、刷柄、枪柄等,其材质坚实,有利于种菇,可以收集利用。但厂方为了防止木料变形,采用草酸溶液浸泡木材,然后再经过烘烤定型。这样的边材碎屑,由于养分受到破坏,用于栽培茶薪菇对产量有影响,所以不理想。

③**枝桠材直接切碎**　果树枝桠、桑枝及加工厂边材碎屑,收集后可直接通过切碎机加工成木屑。

(2)开发利用杉、松木屑　我国以杉、松为主的针叶树占森林蓄积量的 70% 左右,其木屑资源十分丰富,是可以通过技术处理,作为种植茶薪菇的原料。据分析马尾松含碳 49.5%、氢 6.5%、氧43.2%、氮 0.8%,与大叶栎和其他常用菇木接近。由于杉、松木质含有烯萜类有害于茶薪菇菌丝生长的物质,必须进行技术处理,具体方法有以下几种。

①**高压或常压排除法** 高压灭菌时按常规操作,排除冷气后,待气压上升至 147.1 千帕时,加大火力或通入蒸汽,然后慢慢地打开排气阀,排气 10 分钟,关上气阀。保持灭菌 2 小时,达标后停火,让压力自然下降,这样,有害物质基本除去。也可采用常压灭菌法排除有害物质。具体操作方法:待灭菌灶内上蒸汽 30 分钟后,加大火力,排气 10 分钟,让有害物质排除,然后保持 100℃ 10小时以上,再焖 8 小时后出锅,晒干待用。

②**蒸馏法** 利用蒸馏香茅草油或薄荷油、山苍籽油的设备,先把水放进锅内,距通蒸汽木隔板 10 厘米。再装入松、杉木屑,稍压实后用木棍插几个通气孔,盖好锅盖,以防漏气,并在锅内沿注满水。然后把锅盖上的通气管冷却器上部接好。冷却器底部直通桶外,连接油水分离器。安装后烧猛火,经 2~2.5 小时开始出油,然后保持火力 4~5 小时,待无油出现时即熄火。第二天取出木屑晒干备用。

③**石灰水浸泡法** 用 0.2%~0.5% 浓度的石灰澄清液,浸泡松、杉等木屑 12~14 小时,捞起后用清水冲洗至无浑浊、pH 7 以下为止。再将水沥干或晒干后待用。以上述浓度的石灰水浸泡,气温在 20℃ 以下时,至少需要 24 小时。

④**堆积发酵法** 将松、杉木屑倒进水沟填满水,经过一段时间的风吹日晒雨淋后,挖取下半部的木屑晒干备用。也可将此类木屑拌 2%~3% 石灰水,调节至含水量 65% 左右后,每隔 4~5 天翻堆一次,堆积发酵 20 天后,晒干待用。

⑤**水煮法** 将无底木桶放在大铁锅上,倒入木屑,加水淹没为

度,再用木棍搅成稀浆状,盖好桶盖开始烧火。煮沸后约经 4 小时即可熄火。第二天捞出木屑晒干备用。

(3)农作物秸秆 我国农村每年均有大量的农作物秸秆、籽壳,如棉籽壳、玉米芯、葵花籽壳、黄蔴秆、大豆茎秆、甘蔗渣等,这些下脚料过去大都作为燃料烧掉或堆放田头腐烂。这些秸秆是栽培茶薪菇的原料之一,而且营养成分十分丰富,有的比木屑还好。

①**棉籽壳** 为脱绒棉籽的种皮,是粮油加工厂的下脚料。质地松散,吸水性强,含蛋白质 6.85%、脂肪 3.2%、粗纤维 68.6%、可溶性糖 2.01%、氮 1.2%、磷 0.12%、钾 1.3%,是茶薪菇栽培最广的一种理想原料。棉籽壳质量要求如下:一是新鲜,无结团,无霉烂变质,质地干燥;二是含棉籽仁粉粒多,色泽略黄带粉灰,籽壳蓬松;三是附着纤维适中,手感柔软;四是液汁较浓,吸水湿透后,手握紧料,挤出乳汁是紫茄子色为优质。若没有乳状汁,则品质稍差。选料要按季节,夏季气温高,培养料水分蒸发快,宜用含籽仁壳多,纤维少的为适,避免袋温超高。

由于棉花生产中使用农药较多,且棉籽壳中又含有棉酚,用棉籽壳作为栽培基质生产的茶薪菇,其子实体食用的安全性,一向为人们所关心。据有关单位试验结果表明,经过灭菌后棉籽壳中含棉酚 53 毫克/千克,用棉籽壳栽培的茶薪菇子实体中棉酚含量为 49 毫克/千克,认定无公害。

特别提示:近年来发现不法经营者,采用泥土、石灰渣粉或糖化饲料掺入棉籽壳中,造成接种后茶薪菇菌丝不吃料,致使栽培失败。因此,在购买棉籽壳前必须进行检测,凡有掺杂使假的,绝对不能取用,以免造成损失。

②**玉米芯** 脱去玉米粒的玉米棒,称玉米芯,也称穗轴。我国玉米播种面积居粮食作物的第三位,年产玉米芯及玉米秸秆约 9 000 万吨。干玉米芯含水分 8.7%,有机质 91.3%,其中粗蛋白

质2%、粗脂肪0.7%、粗纤维28.2%、可溶性碳水化合物58.4%、粗灰分2%、钙0.1%、磷0.08%。玉米芯加其他辅料,补充氮源,可作为茶薪菇新的原料。要求晒干,将其加工成绿豆大小的颗粒,不要粉碎成粉状,否则会影响培养料通气,造成发菌不良。近年来东北各省对玉米芯采取破碎机加工成颗粒状后,用压榨机压成块状,整块装入编织袋,便于运输。

③葵花籽壳 葵花又名向日葵,为高秆油料作物。其茎秆高大,木质素、纤维素含量极高。葵花盘、葵花籽均可利用。据测定,葵花籽壳含粗蛋白质5.29%、粗脂肪2.96%、粗纤维49.8%、可溶性碳水化合物29.14%、粗灰分1.9%、钙1.17%、磷0.07%,养分十分丰富。

④高粱秆 高粱秆含蛋白质3.2%、粗脂肪0.5%、粗纤维33%、可溶性碳水化合物48.5%、粗灰分4.6%、钙1.3%、磷0.23%,是营养成分丰富的原料。

⑤大豆秸 含粗蛋白质13.8%、粗脂肪2.4%、粗纤维28.7%、可溶性碳水化合物34%、粗灰分7.6%、钙0.92%、磷0.21%,是一种营养成分丰富的茶新菇栽培原料。

⑥棉花秆 棉花秆,北方又叫棉柴。纤维素含量达41.4%,接近杂木屑42.7%的含量,其粗蛋白质含量4.9%、粗脂肪0.7%、可溶性碳水化合物33.6%、粗灰分3.8%,还有钙、磷成分,是茶薪菇的好原料。现有开发利用较少,均作燃料燃烧掉。

茶薪菇产业要发展,原料使用上必须改变观念,开拓创新,充分发挥利用各种农作物秸秆。我国每年有农作物秸秆7亿吨,大大超过种植业产品的总产量。而且分布广泛,从资源角度看,这些数量巨大的可再生能源,开发利用起来就可从根本上解决茶新菇生产可持续发展的原料问题,而且又可提高农业生产综合效益,属于循环经济。

秸秆类比较膨松,可仿照玉米芯破碎压块方法,使其缩小体积,便于贮藏运输。

(4)工业废渣类 甘蔗渣为榨糖厂的废渣,我国蔗渣每年产量在 600 万吨左右。新鲜干燥的甘蔗渣,白色或黄白色,有糖的芳香。一般含水分 8.5%、有机质 91.5%,其中粗蛋白质 2.54%,粗脂肪 11.6%,粗纤维 43.1%,可溶性碳水化合物 18.7%,粗灰分 0.72%。可以收集用作原料。

(5)野草类 野生草本植物都含有菇类的营养成分,可以用来栽培茶新菇。常用的类芦、斑茅、芦苇、菅、象草、荻等,都是栽培茶薪菇可利用的好原料。这里选择几种野草进行分析(表 1-5)。

表 1-5　几种野草营养成分分析　(%)

品　名	蛋白质	脂　肪	纤　维	灰　分	氮	磷	钾	钙	镁
芒　萁	3.75	2.01	72.1	9.62	0.60	0.09	0.37	0.22	0.08
类　芦	4.16	1.72	58.8	6.34	0.67	0.14	0.96	0.26	0.09
斑　茅	2.75	0.99	62.5	9.56	0.44	0.12	0.76	0.17	0.09
芦　苇	3.19	0.94	72.5	9.53	0.51	0.08	0.85	0.14	0.06
五节芒	3.56	1.44	55.1	9.42	0.57	0.08	0.90	0.30	0.10
菅	3.85	1.33	51.1	9.43	0.61	0.05	0.72	0.18	0.08

2. 辅助营养料

辅助营养料,分为碳源辅料、氮源辅料和矿质添加剂三种。这是根据原料的理化性状的优缺点,添加辅料,弥补主料营养成分中一些方面的不足,达到培养基优化,实现高产高效目的。常用品种有以下几种。

(1)麦麸 麦麸是小麦籽粒加工面粉时的副产品,是麦粒表皮、种皮、珠心和糊粉的混合物,是一种优良的辅料。其主要成分为:水分 12.1％、粗蛋白质 13.5％、粗脂肪 3.8％、粗纤维 10.4％、可溶性碳水化合物 55.4％、灰分 4.8％,其中维生素 B_1 含量高达 7.9 微克/千克。麦麸蛋白质中含有 16 种氨基酸,尤以谷氨酸含量最高可达 46％,营养十分丰富。麦麸中红皮、粗皮构成培养料透气性好;白皮、细皮淀粉含量高,添加过多易引起菌丝徒长。市场上有的麦麸掺杂,购买时先检测,可抓一把在掌中,吹风检验,若混有麦秆、芦苇秆等,一吹易飞,且手感不光滑、较轻。表麸的质量要求足干,不回潮,无虫卵,无结块,无霉变现象。

(2)**米糠** 米糠是稻谷加工大米时的副产品,也是茶薪菇生产的氮源辅料之一,可取代麦麸。它含有粗蛋白质 11.8％、粗脂肪 14.5％、粗纤维 7.2％、钙 0.39％、磷 0.03％。其蛋白质、脂肪含量高于麦麸。选择时要求用不含谷壳的新鲜细糠,因为含谷壳多的粗糠,营养成分低,对产量有影响。米糠极易孳生螨虫,宜放干燥处,防止潮湿。

(3)**玉米粉** 玉米粉因品种与产地的不同,其营养成分亦有差异。在培养基中加入 2％~3％ 的玉米粉,增加碳素营养源,可以增强菌丝活力,产量显著提高。

3. 添 加 剂

培养料配方中常用石膏粉、碳酸钙以及过磷酸钙、尿素等化学物质,有的以改善培养料化学性状为主,有的是用于调节培养料的酸碱度。

(1)**石膏** 石膏的化学名称叫硫酸钙,弱酸性,分生石膏与熟石膏两种。农资商店经营的石膏,即可作为栽培茶薪菇的辅料使用。石膏在生产上广泛用作固体培养料中的辅料,主要作用是改善培养料的结构和水分状况,增加钙营养,调节培养料的 pH,一般用量为 1％~2％。

(2)**碳酸钙** 纯品为白色结晶或粉末,极难溶于水中,水溶液呈微碱性,因其在溶液中能对酸碱起缓冲作用,故常作为缓冲剂和钙素养分,添加于培养料中,用量为 $1\%\sim2\%$。

(3)石灰 石灰即氧化钙(CaO),遇水变成氧化钙具有碱性,配料中添加 $1\%\sim3\%$,用于调节 pH。

(4)过磷酸钙 过磷酸钙是磷肥的一种,也称磷酸石灰,为水溶性,灰白色或深灰色,或带粉红的粉末。有酸的气味,水溶液呈酸性,用量一般为 1%左右。

(5)尿素 尿素是一种有机氮素化学肥料,在茶薪菇生产中,常用作培养料补充氮素营养,其用量一般为 $0.1\%\sim0.2\%$。

(6)硫酸镁 硫酸镁,又称泻盐,无色或白色结晶体,易风化,有苦咸味,可溶于水,它对微生物细胞中的酶有激活反应,促进代谢。在培养基配方中,一般用量为 $0.03\%\sim0.05\%$,有利于菌丝生长。

4. 栽培基质安全把关

茶薪菇栽培原料及添加剂,应符合国家农业部发布的 NY 5099—2002《无公害食品　食用菌栽培基质安全技术要求》。原、辅材料应严格"把好四关":一是采集质量关,原材料要求新鲜、无霉烂变质;二是入库灭害关,原料进仓前烈日暴晒,杀灭病原菌和虫害、虫蛆;三是贮存防潮关,仓库要求干燥、通风、防雨淋、防潮湿;四是堆料发酵关,原料使用时,提前堆料暴晒,有利杀灭潜伏在料中的杂菌与虫害。经灭菌后的基质需达到无菌状态,不允许加入农药拌料。

无公害基质添加剂用量不得超出表 1-6 的要求标准。

表1-6　茶薪菇无公害栽培基质化学添加剂规定标准

添加剂种类	使用方法和用量
尿　素	补充氮源营养,0.1%~0.2%,均匀拌入栽培基质中
硫酸氢铵	补充氮源营养,0.1%~0.2%,均匀拌入栽培基质中
碳酸氢铵	补充氮源营养,0.1%~0.5%,均匀拌入栽培基质中
氰氨化钙(石灰氮)	补充氮源营养和钙素,0.2%~0.5%,均匀拌入栽培基质中
磷酸二氢钾	补充磷和钾,0.05%~0.2%均匀拌入栽培基质中
磷酸氢二钾	补充磷和钾,用量为0.05%~0.2%,均匀拌入栽培基质中
石　灰	补充钙素,并有抑菌作用,1%~5%均匀拌入栽培基质中
石　膏	补充钙和硫,1%~2%,均匀拌入栽培基质中
碳酸钙	补充钙,0.5%~1%,均匀拌入栽培基质中

(三)规范化房棚条件

茶薪菇栽培房棚,分为培养室和出菇棚两类。两者在条件上有较大差别,总体要求应符合茶薪菇生理生态环境条件的需要和无公害生产的要求。

1. 菌袋培养室要求

专业性工厂化生产的企业,应专门建造菌袋培养室,民间可利用民房养菌或在野外干燥场地搭盖塑料荫棚发菌。标准培养室必须达到"五要求"。

(1)远离污染区　培养室要远离食品酿造工业、离畜舍、垃圾(粪便)场、水泥厂、石灰厂等扬尘厂场,还得远离公路主干线、医院和居民区。防止生活垃圾、有害气体、废水和人群过多,造成茶薪菇污染。

(2)结构合理 培养室应坐北朝南,地势稍高,环境清洁。室内宽敞,一般 32～36 米² 面积为适。培养室内搭培养架床 6～7 层。室内墙壁刷白灰,门窗对向能开能闭,并安装尼龙窗纱防虫网。设置排气口,排气扇。

(3)生态适宜 室内卫生,干燥、防潮,空气相对湿度低于70%;遮阴避光,控温 23℃～28℃,空气新鲜。

(4)无害消毒 选用无公害的次氯酸钙消毒,其接触空气后,迅速分解成对环境、人体和菌丝生长无害的物质,又能消灭病原微生物。

(5)物理杀菌 室内装紫外线灯照射或电子臭氧灭菌器等物理消毒,取代化学物质杀菌。

2. 子实体生长棚要求

茶薪菇子实体生长棚,统称菇棚,其生态环境应按符合农业部 NY/T 391－2000《绿色食品 产地环境技术条件要求》。

(1)结构合理 菇棚要求能保温、保湿,具有抗御高温、恶劣天气的能力,合理的空间和较高的利用率。结构固定安全,操作方便,经济实用。采用竹木做骨架;棚顶的经纬木竹条绑紧扎实,四周内用塑料薄膜,中间塑料泡沫板,外盖黑色薄膜。棚顶开通风窗,顶上铺上茅草,树枝或草苫遮阳物"三阳七阴"的环境。菇棚北面、西面的围物要厚些,以防御北风和西北风。菇棚大小视场地而定,菇棚长向两端开两个对向门窗,有利于空气对流。

(2)场地优化 选择背风向阳,地势高燥,排灌方便,水、电源充足,交通便利,周围无垃圾等乱杂废物。菇棚周围可种株叶茂盛的高大植物,以阻拦尘埃。固定性的棚旁可栽藤豆、猕猴桃、金银花、佛手瓜、藤蔓茂盛的作物,覆盖遮阴,又可增收经济收入。

(3)土壤改良 作为覆土栽培茶薪菇的菇棚,土地必须进行深翻晒后,灌水、排干、整畦。采用石灰粉或喷茶籽饼水、烟茎水等生物剂,取代化学农药消毒杀虫。

(4)水源洁净 水源要求无污染,水质清洁,最好采用泉水、井水和无污染源溪河流畅的清水;不得使用池塘水、积沟水。

(5)茬口轮作 不是固定性的菇棚,应采取一年种农作物,一年栽茶薪菇,稻菇合理轮作,隔断中间传播寄主,减少病虫源积累,避免重茬加重病虫害。

3. 适用房棚选择

茶薪菇子实体生长房棚,各产区应根据生产规模和当地自然气候条件,因地制宜选择性取用。

(1)现代化温室 温室栽培茶薪菇科技含量高,是实现高产优质高效途径之一,是实施"绿色工程"生产无公害菇品的有力手段。尤其北方气候寒冷,在冬季无法进行茶薪菇生产。利用温室栽培可以人为创造适应茶薪菇生长的生态条件,使菇品早上市、晚登场,反季节出产品,有效地改变了常规栽培产品过分集中,市场容纳不下,价格暴跌,效益欠佳,栽菇者受供需弹性约束的被动局面。

我国科研部门在温室设计研究和利用方面,做出了重大贡献。河北省邯郸市胖龙温室工程有限公司研制出品多种型号的现代化温室,全天候正常作业的环境控制设备,包括加温、降温、遮阴、微喷增湿、计算机控制等配套生产线。其中 WJK-108 文洛式温室,采用热镀锌钢制成骨架、聚碳酸酯中空板覆盖材料、铝合金型材或专用聚碳酸酯连接密封卡件。一跨三尖顶,大跨度、多雨槽,排水性能强;外设遮阳幕,荫蔽度的光线适合菇类子实体生长发育;顶窗 4 米×1 米,屋脊两侧交错开窗,开启角度可达 45°,屋顶通风面积为 23%~25%,驱动方式为齿轮、齿条转动,有利于通风排湿,操作方便。室内宽大,方便设置隔间和排布多层菇床立体栽培或平地等高垒菌墙栽培。温室栋宽 10.8 米、开间 4 米、长度 4 米的倍数，屋脊高 4.87 米/4.37 米，抗雪载 0.3 千牛/米²、抗风载 0.5 千牛/米²（千牛为大气压计量单位），吊挂载荷 15 千克/米²。

温室采用计算机控制系统，由气象检测、微机、打印机、主控器、温湿度传感器、控制软件等组成。系统功能可自动测量温室的气候和土壤参数，并对温室内配置的设备实现现代化运行自动控制，如开窗、加温、降温、光照、喷雾、环流等。

(2)专业性塑料大棚 茶薪菇专业性大棚，可以利用农业保护地设施，在选择上注意质量和适用。

①**大棚骨架** 近年来国内研制成功一种无支柱大棚，其骨架选用第三代高强度改良型配方，采用叠式加强和复次增强工艺制成，其特点如下。

抗折压：直径 40 毫米的支架，承重可达 400 千克。

耐腐蚀：取样浸泡于硫酸等剧腐化学溶液中 72 小时，色泽及韧性无明显变化。

超韧性：棚高、跨度均可随意弯曲调整，支架随意锯、刨、钉、钻。

高硬度：比水泥更牢固，比钢铁更实用。

外观美：表面光滑，不伤棚膜，体质轻便，颜色任意调配，环保无污染。

建造方便：棚内不需支柱，方便机械操作，任意安装拆移，此种大棚骨架适用安装栽培茶薪菇的菇棚。

②**大棚盖膜** 现行国内最为广泛采用的是聚氯乙烯薄膜，即 PVC 薄膜，分为有滴薄膜、无滴薄膜和半透明薄膜。其厚度以 0.13 毫米的为好，宽幅有 180 厘米、230 厘米和 270 厘米或更宽的，可根据菇棚大小而定。近年来又研发出品一种醋酸乙烯薄膜，即 ZVA 薄膜，冬天不变硬，夏天不粘连，采取热焊接，加工容易，适宜北方寒节地，大棚覆盖。在低温下不会失去柔软性，覆盖紧密，棚顶也不会产生兜水现象。

③**棚顶遮阴** 大棚上面的遮阳材料,应根据茶薪菇子实体生长发育所需的阴湿环境而定。遮阳度要求90%为宜。常见的遮阳覆盖材料有稻草苫、稻草帘、蒲草苫、蒲草帘、芦帘、塑料遮阳网、化纤隔热毡等。只要能遮阴防湿、冬天能保温的材料均可利用。但必须选用没有腐烂、无致病菌的材料为好。规范化塑料大棚见图1-1。

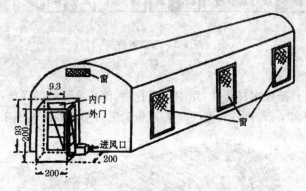

图1-1 规范化大棚 (单位:厘米)

(3)农村通用菇房形式 随着茶薪菇的发展,南北产区根据当地气候特点建造了多种形式相适应的菇房。

①**屋式菇房** 砖木结构或钢筋混凝土结构,宽畅明亮。菇房宽3.6~4米、高4米、长10米。前后开两扇对向房门,门上各开1个通风窗,安装玻璃门;也可在房门两侧各开2个通风窗,有利于通风换气和引进光线,门窗安装细度尼龙网纱,防止蚊、虫、蝇侵入。房内中间为走道,两旁摆设5~6层培养架,架床宽60~100厘米。菇房可以单栋建造或数栋连建,节省左右墙投入,降低造价。菇房外观见图1-2。

②**拱式菇房** 拱式塑料菇房,以每5根竹竿为一行排柱,中柱1根高2米,二柱2根高1.5米,边柱2根高1米。排竹埋入土中,

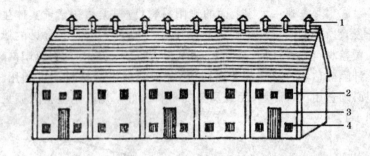

图 1-2　无菌室布局

1. 拔气筒　2. 上窗　3. 门　4. 地窗

上端以竹竿或木杆相连，用细铁丝扎住，即成单行的拱形排柱。排柱间距离 1 米，排柱行数按所需面积确定。塑料菇房见图 1-3。

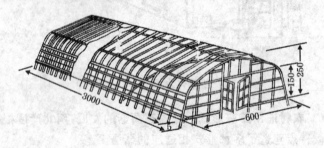

图 1-3　拱式菇房　（单位：厘米）

③**墙壁式菇房**　墙壁式菇房，仿薄膜日光温室设计，能借助日光增温。菇房三面砌墙，顶部和前面覆盖塑料薄膜，后墙高 2 米，或距后墙 0.7～1 米再起中脊，两面山墙自后向前逐渐降低。在棚内埋立若干自后向前高度逐渐递减的排柱。柱上端用竹竿或木杆连接起来，形成后高前低一面坡形的棚架。然后覆盖塑料薄膜并以绳索拉紧，两侧墙留房门。墙壁式菇房见图 1-4。

④**环棚式菇房**　环棚式菇房，又称圆拱式薄膜菇棚。棚架材

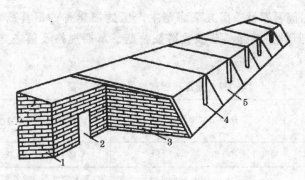

图 1-4　墙壁式菇房
1. 器具间　2. 门　3. 墙体　4. 支柱　5. 薄膜

料可用竹、木或废旧的钢材，一般中拱高 2.5～2.8 米、周边高
1.5～2 米、宽 4～5 米，长依面积定。框架搭好后覆盖聚乙烯薄
膜，外面再盖上草帘，以防阳光直晒。东西侧棚顶各设一个拔风
筒，棚的东西两面正中开门，门旁设上下通风窗。棚外四周 1 米左
右开排水沟，挖出的土用来压封薄膜下脚。

　　⑤地沟菇棚　北方气候冷季，风沙干燥，可建造地沟环式菇
房。利用地下条件保温保湿、防风沙。这种地沟菇房，一般平地挖
深 2～2.3 米，夯实底层，并铺上炉渣，起隔热防寒作用。地面以上
用砖砌成圆拱形棚。棚顶尖峰高 50～60 厘米；旁边开设活动窗，
用来引光和通风。菇棚之间开 1 条水沟，菇房内设培养架 4～5 层
均可。地沟菇棚见图 1-5。

图 1-5　地沟菇棚

(4)简易草棚 南方茶薪菇主产区的福建省古田县菇农,大多数在野外搭建简易菇棚栽培茶薪菇。草棚规格及菌袋摆放量见表1-7。

表1-7 简易草棚规格及栽培袋容量

棚体长×宽（米）	培养架宽度与位置	中间作业道	菌袋摆放量
3.2×10	两旁1米各1架	1米宽1条	1.2万袋
4.6×13	两旁75厘米各1架,中间1.5米1架	80厘米宽2条	2.6万袋
7.2×13	两旁75厘米各1架,中间1.5米2架	90厘米宽3条	3.6万袋

棚顶平高3米,尖峰1米,竹木骨架,四周采用泡沫板作保温层,内罩塑料膜,外用黑色塑料膜;棚顶反光膜或塑料广告布,上面加芒萁、芦苇等茅草遮荫。棚顶中间安装微喷设施和通风窗。上述菇棚含培养架,其造价8 000～12 000元。

特别提示:简易草棚由于使用材料属易燃品,因此要十分注意电线、电源的安全和防火设施,如灭火机、砂石土等。每次作业后均进行安全检查,消除隐患。

(5)房棚内培养架床设置 无论采用哪一种类型的菇棚,棚内均分设多层培养架,排列应与菇棚方位垂直,呈两列、三列或多列。架床一般宽60～100厘米。架床的层数视菇房高度而定,一般设5～6层,层距为30厘米左右。最底层需距地20厘米,最上层离屋顶1米以上。架床之间留80～100厘米宽的作业道。架床的设置要求坚实牢固,一般每平方米立摆菌袋100个,承担90千克培养料的重量。通常以竹、木为固定材料,有条件地使用钢筋水泥作固定架床则更好。架层菇床见图1-6。

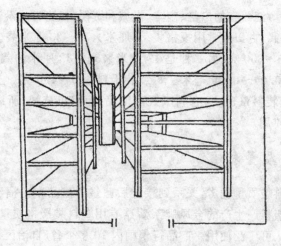

图1-6 菇棚内层架菇床

（四）栽培袋规格质量

1. 塑料袋原料要求

茶薪菇栽培袋的原料为塑料薄，要求符合国家标准 GB 9687－1998《食品包装聚乙烯成型品卫生标准》。栽培袋应选用高密度低压聚乙烯（HDPE）薄膜加工制成的成型折角袋。这是常压灭菌条件下，袋栽茶薪菇常用的一种理想薄膜袋。市场上聚丙烯袋虽耐高压、透明度好，但质地硬脆，不易与料紧贴，且冬季遇冷易破裂，因此不理想。

2. 栽培袋规格

茶薪菇栽培袋规格，现有各产区常用以下 2 种规格（袋折径宽

×长×厚)江西省的广昌、南丰、南城和资溪,福建省的泰宁、建宁、光泽、邵武、古田等常用规格袋 15 厘米×30~33 厘米袋。每袋装干料 325~350 克;另一种是 17 厘米×30~33 厘米的栽培袋,薄膜厚度 0.04~0.05 毫米。每袋装干料 400~450 克。上述规格栽培袋,装料量适中,有利于灭菌彻底,而且出菇快,所以得到全面推广使用。

3. 质量标准

塑料袋质量优劣,关系到接种后菌袋的成品率。福建省古田县福泰塑料厂生产的金凤牌茶薪菇专用塑料袋严格质量把关,得到用户认可广泛使用。产品行销国内 10 多个省(自治区),并出口马来西亚、印度尼西亚、越南等国家,优质塑料袋标准如下:

(1)**规格一致** 薄膜厚薄均匀,袋径扁宽大小一致;

(2)**结构精密** 料面密度强,肉眼观察无砂眼、无针孔、无凹凸不平;

(3)**抗张性强** 抗张强度好,剪 2~4 圈拉开不断裂;

(4)**能耐高温** 装料后经 100℃常压灭菌保持 16~24 小时,不膨胀、不破裂、不熔化。

(五)配套机械设备

茶薪菇生产机械配套设施,要从经济和实用两个方面考虑。

1. 原料切碎机

应选用菇木切碎机,这是一种木材切片与粉碎一体合成的新型切碎机械。常见的有辽宁朝阳 MFQ-553 菇木切碎两用机、福建 ZM~420 型菇木切碎机、浙江 6JQF~400A 型秸秆切碎机等。

该机生产能力高达 1 000 千克/台时,配用 15～28 千瓦电动机或 11 千瓦以上的柴油机。生产效率比原有机械提高 40%,耗电节省 1/4,适用于枝桠、农作物秸秆和野草等原料的切碎加工。

2. 新型培养料搅拌机

该机由福建省古田县文彬食用菌机械修造厂研制出品,获得国家发明专利(专利号:ZL200320106494.9)。该机具有四大特点。

(1)结构合理 以开堆机、搅拌器、惯性轮、走轮、变速箱组成,配用 2.2 千瓦电机,漏电保护器。

(2)生产功率高 堆料拌料量不受限制,只要机械进堆料场开关一开,自动前进打开集料的培养料搅拌,并能自动将料恢复成堆。与漏斗式、滚筒式搅拌机对比,省去装料、卸料工序。因此生产功率高达 5 000 千克/台时,比原有提高 5 倍,而且拌料均匀,有利于菌丝分化。

(3)废料打散 种过菇耳的废筒,通过该机可以自动打散搅拌均匀,再利用种菇。

(4)灵活轻便 机身自重 120 千克,体积 100 厘米×90 厘米×90 厘米(长×宽×高)占地面积仅 2 米²,是我国近代食用菌培养料搅拌机械体积小、产量高、操作方便、实用性强的理想拌料机械设备。因此产品面世受到菇农欢迎。

3. 培养料装袋机

装袋机型号较多,而且不断改革创新。茶薪菇具有一定规模生产基地,应选择自动化冲压装袋生产线的机械设备。近年来福建古田县研究一种 ZDC 计算机控制型多功能装袋机,8 小时装袋2.4 万袋,其参考价 2.8 万元/台。一般菇农可选用普通多功能装袋机,配多种规格套筒,1.5 千瓦电机,生产能力 1 500～2 000 袋/小时,价格 360 元(不带电机)较为经济实用。

4. 产品烘干机

(1)SHG 电脑控制燃油脱水烘干机 该机每次可加工鲜菇 500 千克。

(2)LOW-500 型脱水机 其结构简单,热交换器安装在中间,两旁设防火板。上方设进风口,中间配 600 毫米排风扇;两边设置两个干燥箱,箱内各安装 13 层竹制烘干筛。箱底两旁设热气口。机内设 3 层保温,中间双重隔层,使菇品烘干不焦。箱顶设排气窗,使气流在箱内流畅,强制通风脱水干燥,是近年来广为使用的理想脱水机。鲜菇进房一般 10～12 小时干燥,台/次可加工鲜菇 250～300 千克。LOW-500 型脱水烘干机结构见图 1-7。

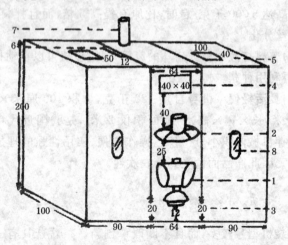

图 1-7 LOW-260 型脱水机 (单位:厘米)

1. 热交换 2. 排气扇 3. 热风口 4. 进风口
5. 热风口 6. 回风口 7. 烟囱 8. 观察口

(3)热气循环式干燥机 此种机型是在隧道式干燥机原理的基础上,结合柜式干燥机特点研制而成。供热系统由常压热水锅、散热管、贮箱、管道及放气阀门、排活阀门等组成。燃料煤、柴均可。采取热流循环,利用水的温差使锅炉与散热器之间形成自然对流循环,使供热系统处于常压下运行,较为安全。其干燥原理是锅炉产生的热水进入散热器后,将流经散热器的空气进行加热。在风机产生运载气流作用下,将热量传给待干制的鲜菇;同时利用风流动,不断地把蒸发出来的水分带走,以达到菇品干燥的目的。在这种干燥系统中,气流受阻力较小;干燥室内温度均匀,干燥速度一致。烘房内设 90 厘米×95 厘米烘筛 80 个,一次可摊放鲜菇700 千克。烘出干燥色泽均匀,形态完整,产品档次高。专业性加工厂场必备。该机组结构见图1-8。

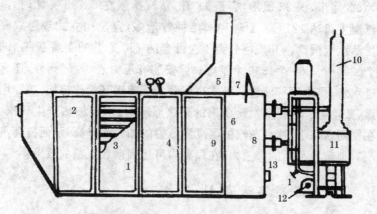

图 1-8 热水循环式干燥机结构
1. 左风机 2. 烘干房 3. 烘筛 4. 温度计 5. 排湿室
6. 余热回收门 7. 冷风门 8. 热交换器 9. 贮水箱 10. 烟窗
11. 热水锅 12. 燃烧口 13. 鼓风机

（六）料袋灭菌设施

灭菌设备包括高压灭菌锅和常压灭菌灶两个方面。它主要用于培养基灭菌,杀灭潜藏在原料中的有害病原菌,达到基质安全的效果。

1. 高压蒸汽灭菌锅

高压蒸汽灭菌锅用于茶薪菇菌种生产和菌袋培养料的灭菌,常用的有手提式、立式和卧式高压蒸汽灭菌锅。试管母种培养基由于制作量不大,适合用手提式高压蒸汽灭菌锅。其消毒桶内径为28厘米、深28厘米,容积18升,蒸汽压强在0.103兆帕时,蒸汽温度可达121℃。原种和栽培种数量多,宜选用立式或卧式高压蒸汽灭菌锅。其规格分为1次可容纳750毫升的茶薪菇瓶100个、200个、260个、330个不等。除安装有压力表、放气阀外,还有进水管、排水管等装置。卧式高压蒸汽灭菌锅其操作方便,热源用煤、柴均可。高压蒸汽灭菌锅的杀菌原理时:水经加热产生蒸汽,在密闭状态下,饱和蒸汽的温度随压力的加大而升高,从而提高蒸汽对细菌及孢子的穿透力,在短期内可达到彻底灭菌的效果。

2. 常压高温灭菌灶

常压高温灭菌灶是培养料装袋后,进入灭菌不可少的设备,常用有以下两种。

(1)钢板平底锅罩膜灭菌灶 生产规模大的单位可采用砖砌灶,其体长280～350厘米、宽250～270厘米,灶台炉膛和清灰口可各1个或2个。灶上配备0.4厘米钢板焊成平底锅,锅上垫木条,料袋重叠在离锅底20厘米的垫木上。叠袋后罩上薄膜和篷布,用绳捆牢,1次可灭菌料袋6 000～10 000袋。钢板平底锅罩膜常压灭菌灶见图1-9。

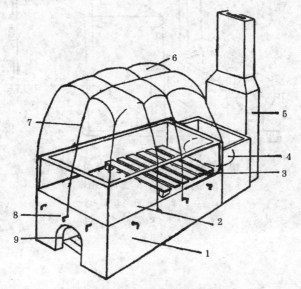

图1-9　钢板平底锅罩膜常压灭菌灶

1. 灶台　2. 平底钢板锅　3. 叠袋垫木
4. 加水锅　5. 烟囱　6. 罩膜
7. 扎绳　8. 铁钩　9. 炉膛

(2)蒸汽炉简易灭菌灶　有条件的单位可采用铁皮焊制成料袋灭菌仓,配锅炉或蒸汽炉产生蒸汽,输入仓内灭菌。一般栽培户可采用蒸汽炉和框架罩膜组成的节能灭菌灶,也可以利用汽油桶加工制成蒸汽炉灭菌灶。每次可灭菌料袋3 000～4 000袋,少则1 000袋均可。蒸汽炉箱框灭菌灶见图1-10。

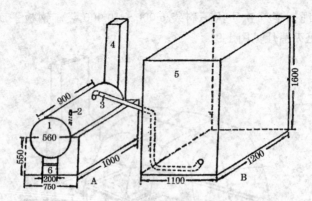

1-10 蒸汽炉简易灭菌灶 （单位:厘米）

A. 蒸汽发生器 B. 蒸汽灭菌箱

1. 油桶 2. 加水机 3. 蒸汽管

4. 烟囱 5. 灭菌箱 6. 火门

二、茶薪菇菌种规范化制作工艺

(一)茶薪菇菌种特性与分级

1. 菌种繁殖方式

茶薪菇在野外自然状态下,繁殖方式是靠子实体成熟后,产生大量的有性孢子来繁殖下一代。其子实体是特异化的菌丝体,生命力和再生能力非常强,具有无性生殖的能力。利用茶薪菇的子实体通过组织分离获得菌丝,在培养基中使其恢复到菌丝发育阶段,变成没有组织化,即尚未发生子实体的菌丝,来提取母种。然后逐步扩大繁殖培养大量菌种,用于生产。这是利用茶薪菇无性繁殖特性的一种形式,也是目前菌种生产扩大繁殖的唯一的手段。用这种方法分离培养的菌种,菌丝萌发快,遗传性稳定,抗逆性强,母系的优良品质基本上可以继承下来,便于保持原来菌种的特性。

另一种是有性繁殖,利用茶薪菇子实体上的许多不同性的孢子着落在培养基上,萌发之后产生不同性的单核菌丝,经异宗结合成双核菌丝,即为母种。有性繁殖所产生的子代,兼有双孢的遗传特性,个体生活力强,可得到高产优质的菌株。但变异性大,必须进行出菇试验,在确实可靠的情况下,才能用于生产。

2. 菌种基本级别

(1)**母种** 用茶薪菇子实体弹射出来的孢子或子实体分离培

养出来的第一次纯菌体,称为母种,也称为一级菌种。母种以试管琼脂培养基为载体,所以常称琼脂试管母种、斜面母种。母种直接关系到原种和栽培种的质量,关系到茶薪菇的产量和品质。因此,必须认真分离,经过提纯、筛选、鉴定后方可作为母种。母种可以扩繁,增加数量。

(2)原种 把母种移接到菌种瓶内的木屑、麦麸等培养基上,所培育出来的菌丝体称为原种,又叫二级菌种。原种虽然可以用来栽培茶薪菇,但因为数量少,用于栽培成本高,必须再扩大成许多栽培种。每支试管母种可移接 4~6 瓶原种。

(3)栽培种 栽培种又叫生产种,即把原种再次扩繁,接种到同样的木屑培养基上,经过培育得到菌丝体,作为生产茶薪菇的栽培菌种,又叫三级菌种。栽培种的培育可以用玻璃菌种瓶,也可以用聚丙烯塑料折角袋。每瓶原种可扩繁成栽培种 60 瓶(袋)。

(二)菌种培养基精选

1. 母种培养基配方

茶薪菇母种培养基以琼脂培养基为主。下面介绍三组琼脂培养基的配方。

配方 1:马铃薯 250 克,葡萄糖 25 克,硫酸镁 0.5 克,维生素 B_1 10 毫克,琼脂 20 克,水 1 000 毫升,通称 PDA 培养基。

配方 2:马铃薯 200 克,蔗糖 20 克,磷酸二氢钾 3 克,琼脂 20 克,水 1 000 毫升,称为 PSA 培养基。

配方 3:玉米粉 60 克,葡萄糖 10 克,琼脂 20 克,水 1 000 毫升,称为 CMA 培养基。

2. 原种培养基配方

(1)木屑培养基配方

配方1：木屑67%，麦麸30%，蔗糖1.5%，石膏粉1.5%。

配方2：木屑70%，麦麸25%，蔗糖3%，石膏粉1.5%，硫酸镁0.5%。

(2)棉籽壳培养基配方

配方1：棉籽壳70%，杂木屑15%，麦麸13%，石灰2%。

配方2：棉籽壳63%，杂木屑20%，麦麸15%，石灰1%，碳酸钙1%。

(3)混合培养基本配方

配方1：棉籽壳50%，木屑20%，麸皮10%，玉米粉15%，菜籽饼(或棉籽饼)3%，石膏1%，糖0.5%，磷酸二氢钾0.4%，硫酸镁0.1%。

配方2：木屑54%，玉米粉25%，麦麸15%，石膏1%，磷酸二氢钾0.4%，茶籽饼粉或其他籽饼粉4%，硫酸镁0.2%，红糖0.4%。

(4)谷物培养基配方

配方1：小麦(大麦、燕麦)40%，木屑30%，玉米粉16%，麦麸8%，石膏1%，茶籽饼粉4%，磷酸二氢钾0.4%，硫酸镁0.2%，红糖0.4%。

配方2：玉米粒80%，杂木屑15%，石膏粉1%，麦麸4%。

3. 栽培种培养基配方

茶薪菇栽培种培养基配方，一般上述原种培养基配方均可适用。

(1)木屑培养基配方 棉籽壳70%，杂木屑13%，麦麸15%，石灰 1%，碳酸钙 1%。

（2）麦粒培养基配方

配方 1：小麦（或大麦、燕麦、玉米）40%，木屑 30%，麦麸 8%，玉米粉 16%，石膏 1%，茶籽饼粉或棉籽饼粉 4%，红糖 0.4%，磷酸二氢钾 0.4%，硫酸镁 0.2%，料水比 1：1.3。

配方 2：小麦（或大麦、燕麦、玉米）35%，木屑 30%，麦麸 8%，玉米粉 15%，石膏 1%，棉籽壳 10%，红糖 0.4%，磷酸二氢钾 0.4%，硫酸镁 0.2%，料水比 1：1.3。

4. 应用计算机设计培养基配方

随着食用菌科研工作的深入开展，菌种培养基配方设计已进入电子计算机程序。利用计算机进行培养基的配方设计，可以解决数值不精确、费时间等问题。现将浙江省庆元县高级职业中学吴继勇等研究的成果进行介绍。该配方系统设计科学，操作简便，即使是初接触计算机者，也能完成配方设计。

（1）设计系统

①**数据维护**　在系统提供的数据上，用户可以根据刚得到的资料，进行增、删、改。

②**配方设计**　用户只需输入一些数据，系统自动完成中间的一切运算，使结果显示在屏幕上，或从打印机输出。可以设计母种、原种、栽培种的配方，还可以核算配方的成本等。

③**编辑功能**　用户可对系统内部配方进行编辑。如增加主料的数量，辅料的数量也自动增加。

④**查询功能**　通过该功能，用户可以查询系统储存的数据资料，包括以往设计的配方。

（2）操作步骤

①**确定目标**　首先确定进行何种预算（生产成本、生产数量、标准配方等）。

②**选择名称** 选择菌种品名、主料名称等,仅需用键盘在屏幕上选择。

③**提供资料** 如果进行生产成本预算,还需输入各原料的单价;如果进行生产数量预算,除输入原料单价外,还需输入目标成本。

④**输入单价** 对石膏粉、蔗糖等辅料的数量,系统会自动加进去,用户仅需输入单价。

按上述步骤操作后,如果输入数值正确,则在屏幕上显示最终结果,或从打印机输出。否则,提示用户重新操作。

(三)茶薪菇母种规范化分离技术

1. 母种培养基制作

按照上述母种培养基配方选择性取用。配制时先将马铃薯洗净去皮(已发芽的要挖掉芽眼),称取 250 克切成薄片,置于铝锅中加水煮沸 30 分钟,捞起用 4 层纱布过滤取汁;再称取琼脂 20 克,用剪刀剪碎后加入马铃薯汁液内,继续加热,并用竹筷不断搅拌,使琼脂全部溶化;然后加水 1 000 毫升,再加入葡萄糖,稍煮几分钟后,用 4 层纱布过滤 1 次,并调节 pH 至 5.6;最后趁热分装入试管内,装量为试管长 1/5,管口塞上棉塞,立放于试管笼上。分装时,应注意不要使培养基粘在试管口和管壁上,以免发生杂菌感染。

玉米培养基在配制时先把玉米粉调成糊状,再加入 1 000 毫升水,搅拌均匀后,文火煮沸 20 分钟,用纱布过滤取汁。再加入琼脂、葡萄糖等,全部溶化后,调节 pH 至 5.6,然后分装入试管内,塞好管口棉塞。母种培养基灭菌 0.11~0.12 兆帕,时间 30 分钟,卸锅后趁热排成斜面。琼脂斜面培养基配制工艺流程见图 2-1。

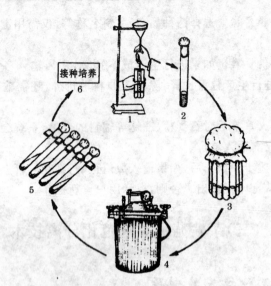

图 2-1　琼脂斜面培养基制作流程
1. 分装试管　2. 塞棉塞　3. 打捆
4. 灭菌　5. 排成斜面　6. 接种培养

2. 标准种菇选择

作为茶薪菇母种分离的种菇,可从野生和人工栽培的群体中采集。野外采集标本时,必须注意生态环境,特别是植被和植物群落组成;了解生存独特环境基质;采集地的气温、湿度、光照强度等,为驯化提供原始参考资料。各地科研部门,对茶薪菇菌种驯化已取得成效,许多菌株已通过人工大面积栽培,成为定型的速生高产菌株。

现有茶薪菇大部分是从人工栽培中选择种菇。下面介绍标准的种菇应具备以下条件及工序。

(1)种性稳定　经大面积栽培证明,普获高产优质,且尚未发现种性变异或偶变现象的菌株。

(2)生活力强 菌丝生长旺盛,出菇快,长势好;菇柄大小长短适中,七八成熟,未开伞;基质子实体无发生病害。

(3)确定季节 种菇以春、秋产季菇体为好。

(4)成熟程度 通常以子实体伸展正常,略有弹性强时采集。此时若在种菇的底部铺上一张塑料薄膜,一天后用手抚摸,有滑腻的感觉,这就是已弹射担孢子。

(5)必要考验 采集室内栽培的子实体,还必须在群体中将被选的菌袋,搬到环境适宜的野外,让其适应自然环境,考验1~2天后取回。

(6)入选编号 确定被选的种菇,适时采集1~2朵,编上号码,作为分离的种菇,并标记原菌株代号。

3. 母种分离操作技术

(1)孢子分离法 茶薪菇子实体成熟时,会弹射出大量孢子。孢子萌发成菌丝后培育成母种。

采集的种菇表面可能带有杂菌,可用75%酒精擦洗2~3遍,然后再用无菌水冲洗数次,用无菌纱布吸干表面水分。分离前还要进行器皿的消毒。把烧杯、玻璃罩、培养皿、剪刀、不锈钢钩、接种针、镊子、无菌水、纱布等,一起置于高压蒸汽灭菌器内灭菌。然后连同酒精灯和75%酒或0.1%升汞溶液,以及装有经过灭菌的琼脂培养基的三角瓶、试管,种菇等,放入接种箱或接种室内进行一次消毒。

孢子采集具体可分整朵插种菇、三角瓶钩悬和试管琼脂培养基贴附种菇等方法。操作时要求在无菌条件下进行。

①整菇插种法 在接种箱中,将经消毒处理的整朵种菇插入无菌孢子收集器里。再将孢子收集器置于适温下,让其自然弹射孢子。

②**三角瓶钩悬法** 将消毒过的种菇,用剪刀剪取拇指大小的菇盖,挂在钢钩上,迅速移入装有培养基的三角瓶内。菇盖距离培养基2～3厘米,不可接触到瓶壁,随手把棉塞塞入瓶口。为了便于筛选,一次可以多挂几个瓶子。

③**试管贴附法** 取一支试管,将消毒过的种菇剪取3厘米,往管内推进约3厘米,贴附在管内斜面培养表面,管口塞好棉塞,保持棉塞与种菇间距1厘米。也可以将种菇片贴附在经灭菌冷却的木屑培养基上,让菇块孢子自然散落在基料上。孢子采集见图2-2。

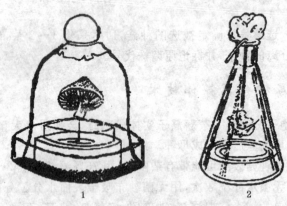

图 2-2 孢子采集
1. 整朵插菇法 2. 钩悬法

(2)**组织分离** 组织分离法属无性繁殖法。它是利用茶薪菇子实体的组织块,在适宜的培养基和生长条件下分离、培育纯菌丝的一种简便方法,具有较强的再生能力和保持亲本种性的能力。这种分离法操作容易,不易发生变异。但如果菇体感染病毒,用此法得到的菌丝容易退化;若种菇太大、太老,此法得到的菌丝成活率也很低。组织分离法见图2-3。

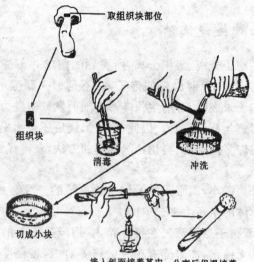

图 2-3　茶薪菇组织分离操作程序

　　①菇体消毒　切去菇体基部的杂质,放入 0.1％升汞溶液中浸泡 1～2 分钟,取出用无菌水冲洗 2～3 次,再用无菌纱布擦干。

　　②切取种块　将经过处理的种菇及分离时用的器具,同时放入接种箱内,取一玻璃器皿,将高锰酸钾 3～5 克放入其中,再倒入 8～10 毫升甲醛,熏蒸 30 分钟后进行操作。或用气雾消毒剂灭菌。然后用手术刀把种菇纵剖为两半,在菌盖和菌柄连接处用刀切成 3 毫米见方的组织块,用接种针挑取,并迅速放入试管中,立即塞好棉塞。

　　③接种培养　将接入组织块的试管,立即放入恒温箱中,在 25℃～27℃条件下培养 3～5 天,长出白色菌丝。10 天后通过筛选,挑出发育快的试管继续培养。对染有杂菌和长势弱的淘汰。经过 20～24 天的培养,菌丝会长满管。

4. 母种提纯选育

无论是孢子分离、组织分离,所得到的菌丝并不都是优质的。就孢子分离而言,弹射出来的孢子,并不是每一颗孢子都是优质的。有的孢子未成熟,有的生长畸形不能萌发或萌发力弱,也有的孢子萌发后菌丝蔓延困难。因此,孢子采集后还必须提纯选育,也就是在采集许多孢子后,再用连续稀释的方法,获得优良孢子进行培育。

孢子极为微小,肉眼无法看清。故孢子的选育是根据密度及萌发出菌丝体的生活力来选取的。

(1)吸取孢子悬浮液 在接种箱内,用经过灭菌的注射器,吸取 5 毫升的无菌水,注入盛有孢子的培养皿内,轻轻搅动,使孢子均匀地悬浮于水中,即成孢子悬浮液。

(2)孢子稀释 将注射器插上长针头,吸入孢子悬浮液,让针头朝上,静放几分钟,使饱满的孢子沉于注射器的下部,推去上部的悬浮液,吸入无菌水将孢子稀释。

(3)接入培养基斜面 把装有培养基的试管棉塞拔松,针头从试管壁处插入,注入孢子悬浮液 1～2 滴,使其顺培养基斜面流下,再抽出针头,塞紧棉塞,转动试管,使孢子悬浮液均匀分布于培养基表面。

(4)育成母种 接种后将试管移入恒温箱内培养,在 25℃～26℃条件下培养 15 天,即可看到白色绒毛状的菌丝分布在培养基上面,待走满管经检查后,即为母代母种。

组织分离所得的菌丝萌发后,通过认真观察选择色白、健壮、走势正常、无间断的菌丝,在接种箱内钩取纯菌丝,连同培养基接入试管培养基上,在 23℃～26℃恒温条件下培育 15 天,菌丝走满管后,也就是母代母种。

5. 母种转管扩接

　　无论自己分离获得的母种,或是从制种单位引进的母种,直接用作栽培种,不但成本高、不经济、且因数量有限,不能满足生产上的需求。因此,一般对分离获得的一代母种,都要进行扩大繁殖。即选择菌丝粗壮、生长旺盛、颜色纯正、无感染杂菌的试管母种,进行转管扩接,以增加母种数量。一般每支一代母种可扩接成 5～6 支。但转管次数不应过多,因为转管次数太多,菌种长期处于营养生理状态,生命繁衍受到抑制,势必导致菌丝活力下降,营养生长期缩短,子实体变小,片薄,朵小,影响产量和品质。因此,母种转管扩接,一般最多不超过 5 次。

　　(1)涂擦消毒　将双手和菌种试管外壁用 75% 酒精棉球涂擦。

　　(2)合理握管　将菌种和斜面培养基的两支试管用大拇指和其余四指握在左手中,使中指位于两试管之间,斜面向上,并使它们呈水平位置。

　　(3)松动棉塞　先将棉塞用右手拧转松动,以利接种时拔出。右手拿接种针,将棉塞在接种时可能进入试管的部分,全部用火灼烧过。

　　(4)管口灼烧　用右手小指、无名指和手掌拔掉棉塞、夹住。靠手腕的动作不断转动试管口,并通过酒精灯火焰。

　　(5)按步接种　将烧过的接种针伸入试管内,先接触没有长菌丝的培养基上,使其冷却;然后将接种针轻轻接触菌种,挑取少许菌种,即抽出试管,注意菌种块勿碰到管壁;再将接种针上的菌种迅速通过酒精灯火焰区上方,伸进另一支试管,把菌种接入试管的培养基中央。

　　(6)回塞管口　菌种接入后,灼烧管口,并在火焰上方将棉塞塞好。塞棉时不要用试管去迎棉塞,以免试管在移动时吸入不净空气。

(7)操作敏捷 接种整个过程应迅速、准确。最后将接好的试管贴上标签,送进培养箱内培养。母种转管扩接无菌操作方法见图2-4。

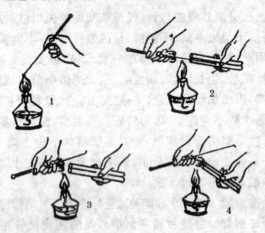

图2-4　母种转管扩接灭菌操作
1. 接种针消毒　2. 无菌区接种　3. 棉塞管口消毒　4. 棉塞封口

6. 母种育成与检验

扩接后的母种,置于恒温箱或培养室内培养,在23℃~26℃恒温条件下,一般培养15~20天,菌丝走满管,经检查剔除长势不良或污染等不合格外,即成母种。无论是引进的母种或自己扩管扩接育成的母种后,一定要经过检验,其内容见表2-1。

表2-1　茶薪菇母种质量检验内容

检验项目	菌种性状表现
感官测定	肉眼观察斜面菌丝,若长势均匀、健壮有力;无间断节裂,无杂菌污染,则表明菌丝生长良好

续表 2-1

检验项目	菌种性状表现
抗逆力测定	将母种接在斜面培养基上,置于 26℃条件下培养 5 天,再移入 30℃～35℃高温下培养半天,再放到适温 26℃下培养,若菌丝仍生长旺盛,健壮的为优良菌种
长速测定	母种接斜面培养基上,在 23℃～26℃条件下培养 20 天长满管,则为长速正常
吃料能力测定	将母种接入木屑菌种培养基上,在 26℃条件下培养 3～5 天,菌种周围菌丝开始恢复萌发新菌丝;6 天后已吃料定植,10 天向料中间伸展,则为吃料力强的母种
出菇试验	出菇试验是鉴定母种质量的一项重要试验。将母种接入木屑或棉籽壳培养基中,置于 26℃条件下培养。待菌丝长满袋后,移入出菇房棚内,调节好温、湿、气、光生态环境,观察出菇情况。若出菇早,出菇率高,子实体达到本品要求,则为优良母种

(四)原种规范化制作技术

1. 原种生产季节

茶薪菇原种制作时间,应按当地所确定栽培袋接种日期为界限,提前 80 天开始制作原种。菌种时令性强,如菌种跟不上,推迟供种,影响产菇佳期;若菌种生产太早,栽培季不适应,放置时间拖长,引起菌种老化,也导致减产或推迟出菇,影响经济效益。

2. 培养基制作

原种装料原则上采用玻璃菌种瓶为容器,但实际生产中也采用菌种袋。

(1)菌瓶选择 菌种瓶是原种生产用的专业容器,适合菌丝生长,也便于观察。规格 650~750 毫升,耐 126℃高温的无色或近无色玻璃菌种瓶 850 毫升,或采用耐 126℃高温的白色半透明符合 GB 9678 卫生规定的塑料菌种瓶。其特点是瓶口大小适宜,利于通气又不易污染。使用菌种瓶生产原种,可以使用漏斗装料提高生产效率,同时瓶口不会附着培养基,有利于减少污染。

(2)装料步骤 装料可按下列程序进行操作,见图 2-5。

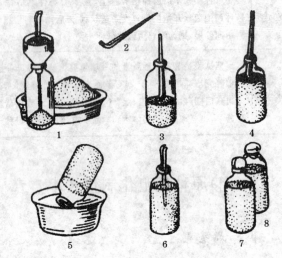

图 2-5 原种培养料装瓶程序
1. 装瓶 2. 捣木 3. 装料 4. 压平 5. 清洗瓶口、瓶壁
6. 打洞 7. 塞棉塞 8. 牛皮纸包扎

瓶塞可以阻碍微生物的入侵,增加透气性,有利于菌丝生长。瓶塞要求使用梳棉,不使用脱脂棉;也可以使用能满足滤菌和透气要求的无棉塑料盖代替棉塞。

(3)装料方法 培养料填装要区别不同类型的基质。装瓶时上部要压实些,下部可稍松一些;木屑、玉米芯粉轻轻挤压,外观能看到颗料间稍有微小间隙为度;颗粒较大的培养料,则要用力反复挤压,使培养料之间没有空隙,以利于菌丝的连接。装料量为培养料上表面距瓶口 50 毫米±5 毫米。最后,在培养料表面中央位置从上到底用打孔棒打一个洞,以增加培养料中氧气,促进菌丝生长。

(4)技术要求 无论是机装或手工装料,要求做到"五达标"。

①松紧适中 装料后标准的松紧度适中,从外观看菌瓶四周瓶壁与料紧贴,无出现间断、裂痕;手提瓶口倒置后,培养料不倒出为度。

②不超时限 培养料装入瓶内,由于不透气,料温上升极快,为了防止培养基发酵,装料要抢时间,从开始到结束,时间不超过3 小时。因此,应安排好机械和人手,并连续性操作。

③瓶口塞棉 装料后清理瓶内壁黏附培养基,然后用棉花塞好瓶口。棉塞松紧度以手抓瓶口棉塞上方,能把整个料瓶提起,而不掉瓶为标准。

④轻取轻放 装料和搬运过程不可硬拉乱摔,以免瓶壁破裂。

⑤日料日清 培养料的与装量要与灭菌设备的吞吐量相衔接,做到当日配料,避免配料过多,剩余培养料酸败变质。

3. 培养基灭菌

原种培养基装瓶后进入灭菌环节,其灭菌要求比较严格,为确保成品率,必须强调采用高压蒸汽灭菌锅进行灭菌。

(1)高压蒸汽灭菌原理 高压蒸汽灭菌是利用密闭耐压容器,通过增加蒸汽压力,提高蒸汽温度把潜存在培养料中的各种微生物杀灭致死。高压蒸汽灭菌温度与压力关系见表2-2。

表 2-2　高压蒸汽灭菌锅中温度与压力的关系

压力 [兆帕(千克/厘米²)]	温度 (℃)	压力 [兆帕(千克/厘米²)]	温度 (℃)
0.007(0.07)	102.3	0.090(0.914)	119.1
0.014(0.141)	104.2	0.095(0.984)	120.2
0.021(0.211)	105.7	0.103(1.055)	121.3
0.028(0.281)	107.3	0.110(1.120)	122.4
0.035(0.352)	108.8	0.117(1.195)	123.3
0.041(0.422)	109.3	0.124(1.266)	124.3
0.048(0.492)	111.7	0.138(1.406)	127.2
0.052(0.563)	113.0	0.152(1.547)	128.1
0.062(0.633)	114.3	0.165(1.687)	129.3
0.069(0.703)	115.6	0.179(1.829)	131.5
0.073(0.744)	116.8	0.193(1.970)	133.1
0.083(0.844)	118.0	0.207(2.110)	134.6

(2)灭菌工艺流程　高压锅灭菌工艺流程见图 2-6。

(3)操作技术规范　为确保高压灭菌达到灭菌效果,必须严格执行操作技术规范,具体如下。

①**装瓶入锅**　装锅时将原种瓶倒放,瓶口朝向锅门,如瓶口朝上,最好上盖一层牛皮纸,以防棉塞被湿。

②**排放冷气**　装锅后关闭锅门,拧紧螺杆。将压力控制器的旋钮拧至套层,先将套层加热升压,当压力达到 0.05 兆帕时,打开排气阀放气。当锅内冷气排净后,再关闭排气阀。冷气排放程度与灭菌压力关系极大,见表 2-3。

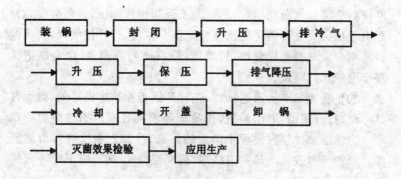

图 2-6　高压锅灭菌工艺流程

表 2-3　冷空气排放程度与锅内温度、压力的关系

蒸汽压力（兆帕）	温　度（℃）				
	完全排除	排除 2/3	排除 1/2	排除 1/3	全不排除
0.034	109	100	94	90	72
0.069	115	109	105	100	90
0.103	121	115	112	109	100
0.138	125	121	118	115	109
0.172	130	126	124	121	115
0.207	135	130	128	126	121

③灭菌计时　当锅内压力达到预定压力 0.14 兆帕或 0.20 兆帕时,将压力控制器的旋钮拧紧,使蒸汽进入灭菌阶段,从此开始计时。灭菌时间应根据培养基原料、种瓶数量进行相应调整。木屑培养基灭菌 0.12 兆帕保持 1.5 小时或 0.14～0.15 兆帕,保持 1 小时;谷粒培养基和木塞培养基灭菌 0.14～0.15 兆帕,保持 2.5 小时。如果装容量较大时,灭菌时间要适当延长。

④关闭热源　灭菌达到要求的时间后,关闭热源,使压力和温

度自然下降。灭菌完毕后,不可人工强制排气降压,否则会使原种瓶由于压力突变而破裂。当压力降至 0 位后,打开排气阀,放净饱和蒸汽。放气时要先慢排,后快排,最后再微开锅盖,让余热把棉塞吸附的水汽蒸发。

⑤**出锅冷却** 灭菌达标后,先打开锅盖徐徐放出热气,待大气排尽时,打开锅盖,取出料瓶,排放于经消毒处理过的洁净的冷却室。为保证减少接种过程中杂菌的污染,冷却室事前进行清洁消毒。原种料瓶进入冷却室内冷却,待料温降至 28℃ 以下时转入接种车间。

4. 规范化接种

原种是母种的延伸繁殖,是一级种的继续。原种的接种是采用母种作种源,将母种的菌丝移接在原种菌瓶内的培养基上培养出菌丝体。每支母种可扩接原种 4～6 瓶。原种主要用于扩大繁殖栽培种,原种也又作为直接用于栽培生产,用作出菇试验,但成本高。母种移接扩繁原种程序与方法如下。

(1)检验母种 在扩繁原种前,第一关是检验用于扩繁原种的母种,具体进行“三看”。一看标签,试管上的标签是否符合所需要的品种。二看菌丝,菌丝有否退化或污染杂菌,若有,宁弃勿用。三看活力,菌龄较长的菌种,斜面培养基前端部位菌丝干固,老化菌种最好不用。如果是在冰箱中保存的母种,要提前取出,置于25℃ 以下活化 1～2 天后再用。如若在冰箱中保存超过 3 个月的母种,最好要转管扩接培养一次再用,以利于提高原种的成活率。

(2)事前消毒 母种对外界环境的适应性较差,抵抗杂菌能力不强,所以进行转接成原种时,必须在接种箱内进行,且要求严格执行无菌操作,才能保证原种的成活率。因此,必须在接种前 24 小时,把接种箱进行熏蒸消毒。按每立方米空间用气雾清毒盒2～3 克,点燃后产生气体杀菌;或用甲醛液 8 毫升、高锰酸钾 5

克,混合产生气体消毒。然后把试管母种和原种培养基,连同接种工具搬入箱内,并把母种用牛皮纸包裹或纱布遮盖。在接种前30分钟,用5%苯酚溶液喷雾1次,同时用紫外线灯照射20～30分钟。工作人员洗净手,并更换工作服。

(3)接种方法 接种时一定要在料温下降至28℃以下时方可进行。先用酒精棉球揩擦双手、接种工具和母种试管壁;再用左手取料瓶,虎口向下,右手将母种试管放在料瓶外侧,用左手食指钩住,管口与瓶紧贴,对准酒精灯火焰区;除去母种试管棉塞放在接种台上,并旋松料瓶的棉塞,右手拿起接种刀,用小指和手掌取下料瓶棉塞;接种刀灼烧灭菌后,伸入料瓶内冷却,然后取出伸入母种试管内,将母种横割成5～6块斜面。第一块要割长些,因其培养基较薄,且易干燥,会影响发菌。然后连同培养基,轻轻移接入原种料瓶内,每瓶接一块母种,且要紧贴接种穴内,以利于母种块萌发后尽快吃料定植。接种后塞好棉塞,接种刀经灼烧放回架上,再调换上料瓶,依次操作,直至料瓶全部接完,贴好标签。试管母种接原种操作见图2-7。

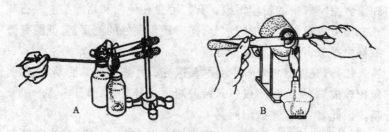

图 2-7 试管母种移接原种操作

A. 固定母种试管斜面 B. 固定原种瓶

5. 原种培养管理

原种培养室使用前2天,要进行卫生清理,并用气雾消毒剂气化消毒,提高培养环境洁净度。不同品种的原种其生长的温度、湿度、光照和通风等适宜条件不同。在实际生产过程中,要通过增温和降温、开关门窗、关启照明设备等方法,使环境条件达到最适,以满足菌丝生长的需要。

(1)调控适温 培养室的最适温度,应稍低于菌种最适温度为宜。因为菌丝生长发育期间,其呼吸作用会使培养料的温度高于环境温度2℃~3℃,因此室温应控制在低于菌丝生长最适温度2℃~3℃。一般控制在23℃左右为好。

培养室的降温可采用空调降温、遮阴降温、通风降温等。采用空调降温时,风量不宜过大,要求培养室的空气洁净度高,否则,易由空气尘埃的流动导致污染。采用遮阴降温时,可将培养室的屋顶搭架遮阳物,还可在朝阳面架起遮阳屏,也可在窗外挂草帘。

(2)环境干燥 菌种培养室要求干燥洁净环境,室内相对湿度控制在70%以下。高温季节注意除湿。采用空调降温,同时可以除湿。除湿还可采用通风和石灰吸附方法。利用石灰吸附除湿时,要在培养室使用前2天撒好石灰,以减少培养期间菌种的搬动和培养室空气中的粉尘污染。石灰可撒在地面和培养架上。石灰一方面可以吸附空气中的水分,同时还是很好的消毒剂,低温高湿的梅雨季节,可采取加温排湿。

(3)避光就暗 培养室要尽量避光。特别是培养后期,上部菌丝比较成熟,见光后不仅引起菌种瓶内水分蒸发,而且容易形成原基。因此,门窗应挂遮阳网。

(4)通风换气 菌丝生长需要充足的氧气,因此,培养室要定期通风换气,以增加氧气,有利于菌种正常发育生长。

(5)定期检查 原种在培养期间要定期进行检查。一般分四个时段:接种后4~5天,进行第一次检查;表面菌丝长满之前,进行第二次检查;菌丝长至瓶肩下至瓶的1/2深度时,进行第三次检查;当多数菌丝长至接近满瓶时进行第四次检查。每次检查的重点是观察菌丝长势,杂菌污染,一有发现或怀疑应立即淘汰处理,确保原种纯菌率达100%。经过4次检查后一切都正常,才能成为合格的原种。

(6)掌握菌龄 原种培养时间,即菌龄,在23℃～25℃范围内培养,以菌丝长满瓶为标准。麦粒培养基原种,菌丝生长较快;而木屑或棉籽壳培养基,菌丝生长较慢。由于原种是由琼脂母种接种培养,所以生长发育较慢,一般需要40～45天。

(五)栽培种规范化制作技术

1. 栽培种生产季节

按茶薪菇大面积生产菌袋接种日期,提前40天进行栽培种制作。如安排秋栽8月中旬开始生产,其栽培种要提前于7月上旬进行制作。

2. 培养基制作

栽培种装料容器采用塑料菌种袋,因此它的装料与原种装瓶方法有一定区别。

(1)装袋打洞 采用装袋机装料,每台机每小时可装1 500～2 000袋,配备6人为一组。其中添料1人,套袋装料1人,捆扎袋口4人。

具体操作方法:先将薄膜袋口一端张开,整袋套进装袋机出料口的套筒上,双手紧扎;当料从套筒源源输入袋内时,右手撑住袋头往内紧压,使内外互相挤压,这样料入袋内就更坚实,此时左手握住料袋顺其自然后退;当填料接近袋口6厘米处时,料袋即可取出竖立;装料后在培养基中间钻一个2厘米深、直径1厘米的洞;

袋中打洞可提高灭菌效果,有利于菌种菌丝加快生长发育;装袋后擦净袋壁残留物,再棉花塞口,用牛皮纸包住瓶颈和棉塞,进行高压蒸汽灭菌。

采用手工装料将薄膜袋口张开,用手一把一把将料塞进袋内。当装料量占 1/3 时,把袋料提起在地面小心振动几下让料落实;再用大小相应的木棒往袋内料中压实;继之再装料、再振动、再压实。装至满袋时用手在袋面旋转下压,使袋料紧实无空隙,然后再填充足量打洞。

(2)袋口包扎 装袋后袋口环套、塞棉,并用牛皮纸包裹棉塞,再用橡皮圈扎紧。菌袋装料见图 2-8。

1   2   3

图 2-8 塑料菌种袋装料法

1. 装袋打洞   2. 袋口套环   3. 包扎袋口

(3)培养基灭菌 栽培种生产量大,培养基灭菌采用高压蒸汽灭菌锅灭菌。也可以采用常压高温蒸汽灭菌灶进行灭菌。但关键在于能把潜藏在培养料内的病原微生物彻底杀死,以保证安全性,提高接种后菌种成品率。这是栽培种生产至关重要的一个关键控制点。高压蒸汽灭菌操作方法参照原种。

3. 规范化接种

栽培种主要用于茶薪菇生产的菌种。每瓶原种一般扩接成栽培种 50 袋，麦粒原种可扩接成栽培种 80～100 袋。栽培种接种培养注意以下三点。

(1)菌龄适期 栽培种菌龄要求不幼不老。所以,事先要确定作为商业性生产的菌种,以其栽培生产最佳的播种时间为基数,应提前 35～45 天进行栽培种制作。经培育 35～45 天菌龄适期,有利于栽培生产。如果栽培种过早进行制作,菌龄太长,菌种老化,影响成活率。若太迟制种,生产季节已到,而栽培种菌丝尚未走满袋,表示太幼,影响生产接种量。

(2)菌种预处理 将所确定的原种通过检验种质,对杂菌污染的菌种,或菌丝发育不良的菌种,应弃之不用。经检验合格后,搬进无菌室或接种箱内拔掉瓶口塞,用棉花酒精擦拭瓶口。接着用接种铲除去原种表面出现的原基,并用酒精棉球擦净瓶壁内的残留,用牛皮纸封塞包捆瓶口。特别提示:原种预处理一定要在接种前单独进行,因原种培养时间较长,棉塞下常潜伏霉菌,且表层菌丝培养时间长,有可能潜伏绿色木霉孢子,如果接种时在接种箱中拔棉塞,挖表层菌丝,将会影响栽培种的成品率。

(3)接种方法 将预处理好的菌种连同栽培种培养基,接种工具等一起搬进接种室内。将原种置于接种架上,用报纸盖面,然后打开紫外线灯照射,或气雾消毒盒等消毒药品进行重蒸气化消毒。接种时用长柄镊夹取浸有 95%酒精的小棉球,打开架上的原瓶口牛皮纸和棉塞,进行瓶口消毒;同时,将接种匙伸入瓶中,在火焰上方来回消毒,再将菌丝体挖松;如果是木屑培养基原种,应挖成蚕豆大小;麦粒原种则应挖散成粒状,则用长柄镊子直接夹取。操作时在酒精灯火焰旁进行,接种匙用毕随手放回原种瓶内。然后将栽培种料瓶(袋)置于双排接种架的左边(如果是单排接种架,栽培种料瓶用手掌心托住),近酒精灯火焰,拔去菌瓶棉塞或解开袋绳结,用接种铲或镊子取出原种,移接栽培瓶(袋)内。棉塞过火焰后回塞栽培瓶口或料袋口扎好,然后竖放在接种台的左边。如此周而复始直至接完一批栽培种。原种扩接栽培种无菌操作见图2-9。

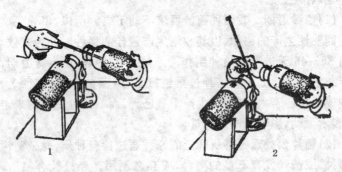

图 2-9   原种扩接栽培种
1. 原种接入栽培种培养基内   2. 接入后瓶口棉塞封好

4. 培养管理

(1)掌握个性   栽培种接种后进入菌丝营养生长,不断从培养基内吸收养分、水分,输送给菌丝的生长建造菌丝体,构成生理成熟的菌丝体,即栽培种的育成。每一瓶(袋)的栽培种,一般用于茶薪菇栽培可接种 30~50 袋。因此这 1 瓶菌种的好坏,直接影响菇农栽培 30~50 袋菇的产量与经济效益。

栽培种培养管理技术与原种基本相似,但不同点是栽培种生产量大于原种几十倍,培养场所,设施及管理成品相应增加,管理时效性较短,超过有效菌龄菌种活力差,影响栽培菌袋的成品率,会给菇农生产带来损失,因此在管理上不可掉以轻心。

(2)叠放方式   接种后的栽培种排放培养架上。排放方式有两种。一种是直立排放,将菌瓶或菌袋坐地,紧靠排放于培养架上,要求横行对齐;另一种排放方式是菌袋墙式堆叠,菌袋堆叠时袋口方向和门窗方向要一致,袋口朝外。双排叠放或单排叠放堆叠成行,行与行之间,留一条通风道。

(3)控制温度 栽培种培养室要求恒定温度,也就是常说的恒温培养。一般掌握在23℃～25℃。在春、秋季节自然气温条件下菌种适应,然而菌种度夏、越冬是处于逆温环境,在这期间如何做好降温与升温,是菌种培养管理的一项重要技术。

①**度夏降温措施** 专业性菌种培养室必须安装空调机,调节适合温度。无条件安装电力降温设备的一般制种户,可搬到高海拔山区制种,或在傍山依水的荫蔽地建造度夏菌种培育室,房顶遮阴;内设电风扇、排气扇、加速热气外排。但注意的是:室内不可喷水,因偏湿引起杂菌污染;同时菌种应采取稀排散热,避免菌温剧增。

②**越冬升温措施** 菌种室内安装暖气管,锅炉蒸汽管输入暖气片,使暖气管升温,这种加温设备很理想。升温采用空调机电力升温也可。一般菌种厂可在培养室内安装电炉或保温灯泡升温。如果采取煤炭炉升温的,应设排气筒,排气于室外,同时要注意菌温一般会比室温高2℃～3℃,因此升温时,应掌握比适温调低2℃～3℃为宜。随着菌丝生长发育进展,菌温也逐步上升,所以在适温的基础上,每5天需降低1℃,以利于菌种正常发育。

(4)防潮控湿 菌种培养阶段是在固定容器内生长菌丝体,对培养室内要求是干燥防潮。空气相对湿度70%以下为适。在梅雨季节,要特别注意培养室的通风降湿。因为此时外界湿度大,容易使培养室的菌种瓶口棉塞受潮,引起杂菌孳生。在这个季节应在室内定期撒上石灰粉吸潮,同时利用排风扇等通风除湿。若气温低时,可用加温除湿的办法,降低培养室内的湿度。

(5)更新空气 冬季煤炭加温时,防止室内二氧化碳沉积,造成伤害菌丝。菌种排列密集培养室内，要有适当窗户通风，特别注意空气的对流。

(6)避光养菌 菌种要求最好在避光条件下培养，菌种在光线较强的场所培养时，容易出现原基产生菌被，消耗养分；过早转入生理成熟期，导致菌种老化。

(六)菌种保藏与复壮

1. 菌种保藏方法

(1)斜面低温保藏 这是一种常用的、最简便的保藏方法。首先将需要保藏的菌种移接到 PDA 培养基上，为了减少培养基水分散发，延长保藏时间，在配制时琼脂用量加至 2.5%，再加入 0.2%磷酸氢二钾、磷酸二氢钾及碳酸钙等缓冲剂，以中和保藏过程中产生的有机酸。菌种接种后置于适宜温度下培养至菌丝长满斜面，然后选择菌丝生长健壮的试管，先用塑料膜包扎好管口棉塞，再将若干支试管用牛皮纸包好。也可以用无菌胶塞代替棉塞，既能防止污染，又可隔绝氧气，避免斜面干燥。具体做法：选择大小合适的橡皮胶塞，洗净晾干，在 75%酒精液中消毒 1 小时后，用无菌纱布吸去酒精，在火焰上方烧去残留的酒精液；于无菌条件下，将试管口在火焰上灼烧灭菌，拔出棉塞，换上胶塞；再用石蜡密封，放入 4℃左右的电冰箱内保存，每隔 3～4 个月转管一次。如果用胶塞石蜡封口，转管期可延迟至 6 个月。

斜面低温保藏过程，冷柜或冰箱内相对湿度应控制在 40%～50%，尽量少启用，以免产生冷凝水而引起污染；若必须启用时应边开、边取、边关，做到快速、短暂、熟练。低温贮藏法简单易行，适用于所有食用菌菌种，是最实用的贮藏方法，已得到广泛应用。缺点是贮藏时间短，需经常继代培养，不但费时费工，而且传代多，易引起污染、衰退或造成差错。

(2)液状石蜡保藏 液状石蜡又名矿油,所以该法又称矿油保藏法。这种方法操作简便,只要在菌苔上灌注一层无菌的液状石蜡,即可使菌种与外界空气隔绝,达到防止培养基水分散失,抑制菌丝新陈代谢、推迟菌种老化、延长菌种生命和保存时间的目的。所以此种方法也称为隔绝空气保藏法。

①**具体操作** 选用化学纯液状石蜡 100 毫升,装入 250 毫升锥形瓶内,瓶口加棉塞,置于 0.103 兆帕压力灭菌 30～60 分钟;然后置于 160℃烘箱中处理 1～2 小时;或置于 40℃温箱内 3 天左右,见瓶内液状石蜡呈澄清透明,液层中无白色雾状物时即可,其目的是使灭菌时进入瓶内的水分得到蒸发。然后在无菌条件下,将液状石蜡倾注或用无菌吸管移入生长健壮、丰满的斜面菌种上,使液状石蜡高出斜面顶端 1 厘米左右;最后直立放置在洁净的室温下贮藏,转管时直接用刀切取 1 小块菌种,移接到新的斜面培养基中央,适温培养,余下的菌种仍在原液状石蜡中贮藏。

②**注意事项** 因经贮藏后的菌丝沾有石蜡,生长慢而弱,需再继代转接 1 次方可使用;贮藏场所应干燥,防止棉塞受潮发霉;定期观察,凡斜面暴露出液面,应及时补加液状石蜡,也可用无菌橡皮塞代替棉塞,或将棉塞外露部分用刀片切除,蘸取融化的固体石蜡封口,以减慢蒸发。此法贮藏时间可达 1 年以上,有的可达 10 年,效果好。使用此法保种时需直立放置。液状石蜡保藏见图 2-10。

(3)菌种保藏注意事项

①**调整养料** 保藏的母种应选择适宜的培养基,其配方一般要求含有机氮多,含糖量不超过 2%,这样既能满足菌丝生长的需要,又能防止酸性增大。

②**控制温度** 必须根据品种的特性,选择适宜的保藏温度。存放菌种的场所必须通风干燥,并要求遮阴,避免强光直射。存放

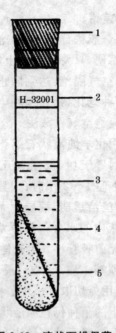

图 2-10　液状石蜡保藏
1. 橡皮塞　2. 标签1　3. 液状石蜡　4. 菌苔　5. 琼脂培养基

于电冰箱中保藏的菌种,温度宜在 4℃,若过低斜面培养基会结冰,导致菌种衰老或死亡;过高则达不到保藏之目的。

(4)封闭管口　菌种的试管口用塑料薄膜包扎,或用石蜡封闭,防止培养基干涸和棉塞受潮而引起杂菌污染。

(5)用前活化　保藏的菌种因处于休眠状况,在使用前需先将菌种置于适温下让其活化,然后转管,更新选育。

2. 菌种复壮使用

菌种长期保藏会导致生活力降低。因此,要经常进行复壮,目的在于确保菌种优良性状和纯度,防止退化,复壮方法如下。

(1)分离提纯 也就是重新选育菌种。在原有优良菌株中,通过栽培出菇,然后对不同系的菌株进行对照,挑选性状稳定、没有变异、比其他品种强的,再次分离,使之继代。

(2)活化移植 菌种在保藏期间,通常每隔3~4个月要重新移植1次,并放在适宜的温度下培养1周左右,待菌丝基本布满斜面后,再用低温保藏。但应在培养基中添加磷酸二氢钾等盐类,起缓冲作用,使培养基酸碱度变化不大。

(3)更换养分 各种菌类对培养基的营养成分往往有喜新厌旧的现象,连续使用同一树种木屑培养基,会引起菌种退化。因此,注意变换不同树种和配方比例的培养基,可增强新的生活力,促进良种复壮。

(4)创造环境 一个品质优良的菌种,如传代次数过多,或受外界环境的影响,也常造成衰退。因此,在保藏过程中应创造适宜的温度条件,并注意通风换气,保持保藏室内干爽,使其在良好的生态环境下性状稳定。

三、茶薪菇规范化高效栽培管理技术

(一)茶薪菇生物学特征

1. 学名与分类

茶薪菇学名 *Agrocybe aegerita*(brig.)sing.,在分类学上属于担子菌纲,田头菇属,伞菌目,粪锈伞科。该菇原生于南方油茶树上,俗称茶树菇。它与云南、贵州的杨树菇、柱状田头菇、柱状环锈伞、中国台湾和日本的柳松茸属于同一物种,但在形态、品质、风味上有较大差异。

2. 形态特征

茶薪菇同所有食用菌一样,由菌丝体和子实体两大部分组成。菌丝体为营养器,主要功能是分解基质,吸收营养。菌丝为白色,绒毛状,较细,组成菌丝群,锁状联合。双核菌丝分枝粗壮,繁茂,生活力旺盛,生理成熟时,形成子实体。子实体为伞状,多数是丛生。它由菌盖、菌柄、菌褶和菌环组成。

菌盖直径3~10厘米,半球形至扁平,中部稍突起,幼时深褐色至茶褐色,渐变为浅褐色、浅灰褐色至浅土黄色;边缘色浅,湿润时稍黏,菌肉浅白色;中部较厚,边缘薄。菌褶初为白色,成熟时黄锈色至咖啡色,密集、直生至近弯生,不等长。

菌柄近圆柱状,着生菌盖下面中央,长6~18厘米,直径

0.6～1.5厘米；表面纤维状，近白色，向下渐至浅褐色，中实，纤维质脆嫩，多为直立或弯曲稍扭转，成熟时变硬。菌环是内菌幕残留在菌柄上的环状物，为菌盖与菌柄间连生着一层菌幕膜质，上面细条纹，布满孢子。孢子浅黄褐色，光滑，椭圆形或卵圆形，8.5～11微米×5.5～7微米。茶薪菇属于异宗结合的四极性担子菌，从孢子萌发菌丝到形成子实体，完成一个生活史，需要80～100天。

目前市场出售的菇类与茶薪菇形态近似的品种有蟹味菇与长根菇。这3种菇混在一起，一般人分不清。这里介绍丁湖广高级农艺师对3种形态近似菇品的鉴别，见图3-1和表3-1。

茶薪菇　　　　　蟹味菇　　　　　长根菇

图 3-1　茶薪菇、蟹味菇、长根菇

表 3-1　形态近似的 3 种菇鉴别对照表

鉴别项目	茶薪菇	蟹味菇	长根菇
色 泽	肉桂色、黄褐色和纯白色	乳白带微黄色和纯白色两种	盖深褐色至浅咖啡色
形 态	盖初凸起后展平、伞状，柄实质脆，开伞后中浅凹表面带黏，柄稍小抽长	盖半球形、帽状，沿边内卷，表面光滑、柄粗长、圆柱状	盖初半球形，后平展，中部呈脐状，四边翘上，柄长圆柱状，近盖处小，向下渐粗

续表 3-1

鉴别项目	茶薪菇	蟹味菇	长根菇
温 型	中温型 出菇 16℃～28℃ 最适 20℃～26℃	中低温型 出菇 8℃～20℃ 最适 12℃～16℃	中温型 出菇 15℃～28℃ 最适 20℃～25℃

3. 生活条件

(1)营养 茶薪菇属于喜氮菇类,利用木质素的能力弱,在人工栽培中,要考虑这个生理特点。其主要营养是碳源、氮源、无机盐及生长素。

①**碳源** 碳源是茶薪菇的主要营养来源。其作用是构成细胞和代谢产物中碳架来源的营养物质,也是茶薪菇生长发育所需的能量。茶薪菇所需要的碳素都来自有机态碳,如糖类、有机酸、醇类、淀粉、纤维素、半纤维素、木质素等。在常见的碳源中,糖类小分子化合物,可直接被菌丝所吸收利用。而纤维素、半纤维素、木质素、淀粉等大分子化合物,则不能直接被菌丝所吸收。它必须由菌丝分泌出的酶等物质,将其分解成小分子化合物,然后才能被吸收利用。纤维素是茶薪菇菌丝初生及次生细胞壁的组成部分,纤维素的降解是通过纤维素酶来完成的。棉籽壳、玉米芯、甘蔗渣等,均富含纤维素和木质素,都是很好的碳源。

②**氮源** 氮源是茶薪菇合成蛋白质和核酸必不可少的主要原料。氮源分为有机氮化合物和无机氮化合物两类。茶薪菇生长发育主要利用有机氮,如尿素、氨基酸、蛋白胨和蛋白质等。培养基中氮源的浓度,对茶薪菇的营养生长和生殖生长有很大影响。在菌丝营养生长阶段,培养基中的含氮量以 0.016%～0.064% 为宜。而含氮量低于 0.016% 时,菌丝生长受阻。在子实体发育阶

段,培养基的含氮量过高时,会引起菌丝徒长,出菇偏慢。茶薪菇培养料中碳氮比(C/N)要适当。菌丝营养生长阶段碳氮比(C/N)以 20：1 为好,而生殖生长即子实体生长阶段,培养料的碳氮比以30～40：1 为好。在菌丝生长阶段,氮的比例稍高,有利于菌丝粗壮;在子实体生长阶段,氮的比例低些,有利于菇体形成。如果后期氮的含量过高,将有碍子实体的发生和生长。

③无机盐　无机盐如磷、钾、镁、钙等矿质元素,对菌丝生长有利,对子实体生长发育也有益。茶薪菇生产时,在培养料和普通用水中的无机盐含量就足够了。

④生长素　生长素包括维生素和核酸一类具有特殊生理活性的化合物,对菌丝生产发育起促进作用,用量甚微。

(2)温度　茶薪菇是在温带至亚热带地区、从春季至秋季发生的广温型木腐生食用菌。菌丝生长的温度范围在 4℃～34℃。温度过高菌丝容易老化变黄;当温度 33℃ 以上时,菌丝生长受到严重抑制;超过 38℃ 时就会死亡。当温度处于 14℃ 以下时,菌丝生长速度明显减慢;低于 4℃ 时,菌丝停止生长,处于休眠状态。但茶薪菇菌丝能耐低温,在 -14℃ 下 5 天或 -40℃ 下 4 天,也不会死亡。温度一旦回升,菌丝就恢复生长。

茶薪菇属于不严格的变温结实性菇类。在原基出现阶段,昼夜温差刺激,能明显促进原基的分化和形成。出现原基以 10℃～18℃ 为适。有些菌株子实体发生温度为 13℃～18℃,也有些菌株为 14℃～20℃,还有些菌株为 15℃～24℃。子实体生长发育的温度,比菌丝生长阶段稍低,适宜的温度范围为 10℃～26℃,其中最适温度为 23℃～26℃。

(3)湿度　水是茶薪菇新陈代谢、吸收营养必不可少的基本物质。茶薪菇对各种营养物质的吸收和输送,是在水的运载下进行的;其代谢废物,也是溶于水后,才能被排出体外。缺少水分的菌丝便处于休眠状态,停止发育,根本不能产生子实体。此外,水对料温的变化也起缓冲作用,菌丝生长培养基制作中,要求含水量60%～65%。低于50%将不出菇,高于70%菌丝生长减慢、纤弱。子实体生长发育阶段空气相对湿度80%～95%才能满足正常生长的需求。

(4)空气 茶薪菇属于好氧型真菌,呼吸作用是正常生命活动不可缺少的生理过程。在新陈代谢过程中,以有机物质作为呼吸底物,在有氧条件下进行彻底氧化,并释放能量。菌丝短期缺氧时,就借助于酶解作用,暂时维持生命活动,但要消耗大量营养物质,菌丝逐渐衰弱,缩短寿命;严重缺氧时,菌丝生长受阻,呈现纤弱,且容易受杂菌污染。

茶薪菇能吸收氧气,排出二氧化碳。放出的二氧化碳常积累在培养料的表面,影响菌丝的正常呼吸。为此,保持菇房内空气新鲜,以保证正常的含氧量,促使子实体生长发育。在新鲜空气中,氧气的含量为21%、二氧化碳的含量为0.03%。当二氧化碳浓度上升至0.1%时,茶薪菇菌丝和子实体的生长均受到明显的抑制。菌丝从营养生长转入生殖阶段,对氧气的需求量略低,一旦子实体形成,对氧气的需求急剧增加。因此,在这个转折点中,菇房内应经常通风换气,保持空气新鲜,防止二氧化碳积累过多。

(5)光线 茶薪菇不能进行光合作用,菌丝生长不需光照,在黑暗环境中能正常生长。阳光中的紫外线有杀菌功能,对菌丝生长会起到抑制作用。因此,菌袋培养阶段应注意遮阳避光。原基分化和子实体形成时,则需要一定的散射光照,完全黑暗的条件下,不能形成子实体。适当的散射光(500～1 000勒),对子实体形成和发育有促进作用;光线不足时,出菇变慢,菇体变浅,菇脚变长,并有明显的趋光性。

(6)碱酸度(pH) 菌丝生长pH 4～7,最适pH 5.8～6.2;子实体生长pH 3.5～7.5,最适pH 5～6。在生产时则要将培养基pH控制在7～8,经过灭菌后pH会降低。菌丝在生长过程中,代谢出有机酸类物质,也会降低培养基的 pH。

(二)茶薪菇规范化高效栽培技术线路

茶薪菇规范化高效栽培技术,是利用自然气候,以菌袋为载体,室内外菇房多层集约化立体栽培的生产模式,适合我国广大农村应用。为了便于菇农了解接种模式的技术线路,现分别介绍菌袋生产路线和出菇管理线路。

1. 菌袋规范化高效生产技术线路

如图 3-2 所示。

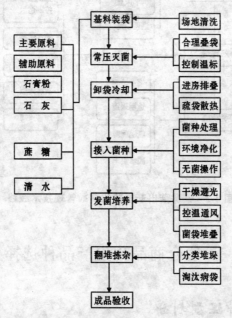

图 3-2　茶薪菇菌袋规范化高效生产技术线路

2. 出菇规范化高效管理技术线路

如图 3-3 所示。

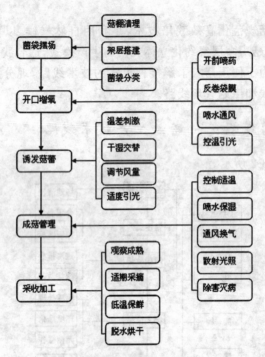

图 3-3　茶薪菇出菇规范化高效管理技术线路

(三)适合商品化生产品种选择

1. 菌种温型划分

茶薪菇菌种的温型,按子实体分化发育的温度范围划分。从现有各地选育的品种看,大体划分为以下温型。

(1)中温型菌株 子实体分化发育温度范围 10℃～22℃,最适温度为 16℃～20℃,产菇期春、秋季为多。

(2)中温偏高型菌株 子实体分化发育温度范围 15℃～28℃,最适温度 20℃～25℃。产菇期春末夏初和秋季。

(3)中温偏低型菌株 子实体分化发育温度范围 10℃～18℃,最适温度 10℃～16℃。产菇期早春和秋末及冬初。

2. 不同菌株种性特征

现有各地茶薪菇商业性栽培的菌株大多选用中温偏高型,这里介绍部分菌株(表 3-2)。

表 3-2 茶薪菇常用菌株种性特征

菌株代号	温 型	子实体生长温度	种性特征
庆丰 1 号	中温偏高	10℃～30℃	丛生,菌盖圆整,土黄褐色,边缘有菌皱,菌肉厚,柄脆,味香
古茶 1 号	中温偏高	13℃～28℃	丛生,菌盖半球形、褐色,柄脆,清香,菇形外观美,出菇快,周年产菇,产量高
鑫茶 2 号	中温偏高	13℃～30℃	丛生,菌盖有麻花点,半球状,锈褐偏黄,菌肉厚,柄粗,味香,抗性强,周年出菇
AS-2	中 温	10℃～25℃	丛生,菌盖光滑,球型偏小,黄褐色,柄脆,近白色,味香
闽茶 A 号	中温偏高	13℃～28℃	丛生,菌盖褐色,带茸毛,半球形;菌柄土黄色,出菇早,转潮快,外观美,味香,产量高

续表 3-2

菌株代号	温　型	子实体 生长温度	种性特征
AS·b	中温	10℃～24℃	丛生或单生,出菇快,黄褐色、柄长,圆柱状,生物率100%
高茶1号	中高	14℃～30℃	丛生,茶褐色,盖半球形,柄圆、脆,味香,转潮快,产量高,周年生产
强茶1号	中高	15℃～28℃	丛生,菌盖茶褐色,柄圆长适中,脆嫩,味香,形美,出菇快,转化率100%
茶薪菇5号	中高	12℃～28℃	菌盖圆形,土黄色,柄脆较白,口感好,出菇50天

注:有关茶薪菇种源单位地址及电话详见附录一。

(四)栽培季节安排

茶薪菇规范化高效栽培的季节安排,主要掌握好以下四点。

1. 把好"两条杠杆"

茶薪菇属于中温型的菌类。菌丝生长最适温度20℃～28℃,出菇中心温度为20℃左右。一般菌株子实体分化发育13℃～25℃,中温偏高型菌株15℃～30℃。根据其生物特性的要求,一般安排在春、秋两季栽培为适。具体把好"两条杠杆":一是接种后50～60天内为发菌期,当地自然气温不超过30℃;二是接种日起,往后推50～60天的终日止,进入出菇期,当地气温不低于13℃、不超过28℃。

2. 选准最佳接种期

最佳接种期确定是否准确,对菌丝生长和出菇时间关系极大。因为菌袋处于最佳时期接种,有利于菌丝在自然气候条件下正常生长发育,并顺利由营养生长转入生殖生长,养分消耗少,成本低,出菇快,产量高,菇质好,效益高。反之,错过季节,虽然也会长菇,但时间长,产量和效益都要受影响。所以,确定最佳接种期,是茶薪菇栽培中的一个重要技术环节。

最佳接种期是指当地的温度达到适合茶薪菇子实体分化发育所需的 20℃左右时的时间为起点,倒计时 50～60 天,即为最佳的菌袋接种期。例如,当地秋季月平均气温 28℃左右为 10 月上旬,倒计时 50～60 天计算,也就是 8 月上旬为最佳接种期。此时"立秋"过后,气温一般在 30℃以下,接种后经过 50～60 天菌袋培养,至 10 月上旬"寒露"季节进入长菇期,此时自然气温 15℃以上,正适合子实体分化发育。由秋冬直至翌年春季长菇,盛夏高温休停后,到了秋季照常长菇,生产周期一年左右,收获菇量多,因此大面积栽培,秋季接种较为理想。

3. 回避两个不利温区

栽培季节安排时,要回避不利茶薪菇菌丝体生长和子实体分化发育的两个不利温区,即夏季 7～8 月高温期和冬季 12 月至翌年 1 月低温期,无论是春栽还是秋栽都要掌握。例如,春栽 2～3月接种菌袋,发菌培养 50～60 天后,到 5～6 月进入长菇期,自然气温 15℃以上、28℃以下,适合长菇。但长菇时间仅 2 个月,就进入 7～8 月高温期休停,需待 9 月份气温下降至适温时,才继续出菇。如果提前于冬末早春接种,气温太低,菌丝生长缓慢,生理成熟延长,也是不利的一面。因此春栽应选择在夏季气温不超过

30℃的地区,南方应在海拔 600 米以上的地区。

4. 区别海拔划分产季

我国大部分地区属于温带和亚热带,气候温暖,雨量充沛,在自然条件下,南方沿海地区可进行茶薪菇周年生产。但各地所处纬度不同,海拔高度不一,自然气候差异甚大,根据各地实践经验,产季安排如下。

长江以南诸省,春季宜 2 月下旬至 4 月上旬接种菌袋,4 月中旬至 6 月中旬长菇;秋季宜 8 月下旬至 9 月底接种菌袋,10 月上旬始菇至翌年春季长菇。

华北地区,以河南省中部气温为准,春季宜 3 月中旬至 4 月底接种菌袋,5 月初至 6 月中旬长菇;秋季宜 7 月上旬至 8 月中旬接种菌袋,8 月下旬至 10 月中旬长菇。大棚内控温不低于 15℃,冬季照常长菇。

西南地区,以四川省中部气候为准。春季宜 3 月下旬至 4 月中旬接种菌袋,5 月下旬至 6 月底长菇;秋季宜 8 月初至 9 月上旬接种菌袋,10 月中旬始菇,直至翌年春季长菇。

(五)实用培养基配方与把关

1. 培养基配方

茶薪菇栽培原料来源极广,这里收集各产区栽培实用的 6 组培养料配方,供栽培者因地制宜选择取用。

(1)杂木屑培养基配方

配方 1:油茶树木屑 75%,麦麸 18%,茶籽饼 5%,蔗糖 1%,碳酸钙 1%(刘瑞壁,2001)。

配方 2：杂木屑 72％，麦麸 25％，石膏 1％，蔗糖 1％，过磷酸钙 0.5％，石灰 0.5％（张飞翔，2003）。

(2)棉籽壳培养基配方

配方 1：棉籽壳 82％，麦麸 16％，石灰 2％（古田县菇农常用配方，2000）。

配方 2：棉籽壳 70％，麦麸 20％，花生饼 5％，玉米粉 3％，石膏 1％，蔗糖 1％（苏玉中，2001）。

配方 3：棉籽籽 72％，米糠 20％，茶籽饼粉 5％，石灰 1％，蔗糖 1％，磷酸二氢钾 1％（徐尔尼等，2001）。

配方 4：棉籽壳 78％，麦麸 20％，石膏 1％，蔗糖 0.5％，石灰 0.5％（张飞翔，2003）。

(3)混合培养基配方

配方 1：杂木屑 38％，棉籽壳 37％，麦麸或米糠 20％，玉米粉 3％，蔗糖 1％，碳酸钙 1％（黄年来，2000）。

配方 2：棉籽壳 56％，杂木屑 17％，麦麸 20％，茶籽饼粉 4.8％，碳酸钙 1％，磷酸二氢钾 0.2％，蔗糖 1％（杨小弟，2001）。

配方 3：杂木屑 40％，棉籽壳 30％，麦麸 16％，玉米粉 6％，茶籽饼 5％，石膏 1.5％，蔗糖 1％，磷酸二氢钾 0.4％，硫酸镁 0.1％（杨月明等，2004）。

配方 4：棉籽壳 39％，杂木屑 39％，麦麸 20％，石膏 2％（江西省农业科学院微生物研究所，胡中娥等，2001）。

配方 5：杂木屑 36％，棉籽壳 36％，麦麸 20％，玉米粉 5％，茶籽饼 1％，轻质碳酸钙 1％，蔗糖 1％（陈政明等，2001）。

配方 6：茶籽壳 40％，棉籽壳 32％，麦麸 20％，玉米粉 5％，石灰 2％，过磷酸钙 1％（丁湖广，丁荣辉，2004）。

(4)玉米芯培养基配方

配方 1：玉米芯 37％，杂木屑 38％，麦麸 23％，石膏 1％，过磷酸钙 0.5％，石灰 0.5％（张飞翔，2003）。

配方2:玉米芯60%,棉籽壳10%,杂木屑10%,麦麸12%,玉米粉6%,石膏1%,蔗糖0.5%,磷酸二氢钾0.4%,硫酸镁0.1%(李银良等,2003)。

(5)甘蔗渣培养基配方

配方1:甘蔗渣60%,棉籽壳10%,杂木屑10%,麦麸12%,玉米粉5%,石膏1.5%,红糖1%,磷酸二氢钾0.4%,碳酸钙0.1%(杨月明,2003)。

甘蔗渣36%,棉籽壳36%,棉籽饼5%,麦麸15%,玉米粉5%,石膏1%,红糖1.5%,磷酸二氢钾0.4%,碳酸镁0.1%(杨美良,2003)。

(6)野草培养基配方 芦苇35%,芒萁30%,棉籽壳12%,麦麸20%,蔗糖1.5%,硫酸镁0.5%,石灰1%。

目前商业性大面积生产,多采用第二组棉籽壳为主料的配方。茶薪菇分解木质素的能力弱,棉籽壳富含纤维素,而且蓬松透气性好,有利于菌丝生长发育。由于木屑资源日益缺乏,且与木腐菌香菇在原料上形成争料。所以茶薪菇栽培主料,提倡多采用棉籽壳,产量高,效益好。如果杂木屑资源丰富的地方,可以就地取材,有利节省成本。据实践表明多种成分组合的培养基,优于单一原料培养基的产菇量。

2. 掌握基质碳氮比

茶薪菇生长发育,不仅需要充足的营养,更重要的在于影响它生长发育过程中的营养平衡。其中最关键的是培养基中的碳素和氮素的浓度要有适当的比例,即碳氮比(C/N)要合理。茶薪菇利用木质素的能力差,而利用蛋白质的能力极强。在培养基配方中,必须加入能满足其生理需要的各种碳源和氮源。

茶薪菇菌丝生长阶段碳氮比要求20:1,子实体分化发育阶段则要求碳氮比为30~40:1。如果氮浓度过高,酪蛋白氨基酸超过 0.02％时,原基分化就会受到抑制,子实体难以形成。

计算培养料的碳氮比(C/N)方法是把各类原材料的碳素相加,所得总数除以各种原料、辅料的氮素相加,所得的商数,就得出碳氮比。计算公式如下:

$$C/N = \frac{C_1W_1 + C_2W_2 + \cdots}{N_1W_1 + N_2W_2 + \cdots}$$

公式中的 $C_1C_2C_3$……分别为各种原材料的含碳量;$N_1N_2N_3$……分别为各种原材料的含氮量;$W_1W_2W_3$……分别为培养料各种物料的重量。

为了便于栽培者在配料上能够计算好碳氮比,下面介绍各种原材料的营养成分及碳氮比,见表3-3。

表3-3 茶薪菇原料辅料营养成分及碳氮比

原料种类	氮	磷	钾	钙	有机质	含碳量	碳氮比
大豆秸	2.44	0.21	0.48	0.92	85.8	49.76	20.4
玉米秆	0.48	0.38	1.68	0.39	80.5	46.69	97.3
玉米芯	0.53	0.08	0.08	0.10	91.3	52.95	99.9
玉米粉	2.28	0.29	0.50	0.05	87.8	50.92	22.3
棉籽壳	2.03	0.53	1.30	0.53	96.6	56.00	27.6
高粱壳	0.72	0.70	0.60	—	56.7	32.90	45.7
葵花籽皮	0.82	0.08	1.17	—	85.9	49.80	60.7
甘蔗渣	0.63	0.08	0.18	0.05	91.5	53.07	84.2
甜菜渣	1.70	0.11	10.30	—	97.4	56.59	33.2
野草	1.55	0.41	1.33	—	80.5	46.69	30.1
木屑	0.10	0.20	0.40	—	84.8	49.18	491.8

续表 3-3

原料种类	氮	磷	钾	钙	有机质	含碳量	碳氮比
麦 麸	2.20	1.09	0.49	0.22	77.1	44.74	20.3
米 糠	2.08	1.42	0.35	0.08	71.0	41.20	19.8
豆 饼	6.71	1.35	2.30	0.27	78.3	45.42	6.8
花生饼	6.32	1.10	1.34	0.33	88.5	51.33	8.1
花生麸	6.39	1.10	1.90	—	49.6	28.77	4.5
尿 素	46.00						
硫酸铵	21.00						
过磷酸钙	—	16.50	—	17.50	—	—	—
石 膏	—	—	—	23.30	—	—	—

　　各种原料、辅料的碳氮含量不一,在选料时应先查出其碳氮百分比量,并按照上述方法进行预算,以达到配方 C/N 的合理性。

3. 配料操作技术规程

　　(1)定量取料　按照选定的培养基配方,称取定量的原、辅料。
　　(2)调水比例　茶薪菇培养料配方用水量,因原料物理性状不同和干燥程度不一,料与水比例有别。一般木屑培养基配方为1∶1.1,棉籽壳培养基配方为 1∶1.2,玉米芯、甘蔗渣、野草等吸水性强的应为 1∶1.3~1.4。为了便于栽培者掌握每 100 千克干料配制时应加水量和达到含水率的百分比,特列于表 3-4。

表3-4　培养料含水量与料水比的关系

要求达到的含水量（%）	每100克干料加入的水（升）	料水比（料∶水）	要求达到的含水量（%）	每100克干料应加入的水（升）	料水比（料∶水）
50.0	74.0	1∶0.74	58.0	107.1	1∶1.07
50.5	75.8	1∶0.76	58.5	109.6	1∶1.10
51.0	77.6	1∶0.78	59.0	112.2	1∶1.12
51.5	79.4	1∶0.79	59.5	114.8	1∶1.15
52.0	81.3	1∶0.81	60.0	117.5	1∶1.18
52.5	83.3	1∶0.83	60.5	120.3	1∶1.20
53.0	85.1	1∶0.85	61.0	123.1	1∶1.23
53.5	87.1	1∶0.87	61.5	126.0	1∶1.26
54.0	89.1	1∶0.89	62.0	128.9	1∶1.29
54.5	91.1	1∶0.91	62.5	132.0	1∶1.32
55.0	93.3	1∶0.93	63.0	135.0	1∶1.35
55.5	95.5	1∶0.96	63.5	138.4	1∶1.38
56.0	97.7	1∶0.98	64.0	141.7	1∶1.42
56.5	100.0	1∶1	64.5	145.1	1∶1.45
57.0	102.3	1∶1.02	65.0	148.6	1∶1.49
57.5	104.7	1∶1.05	65.5	152.2	1∶1.52

(3)操作步骤　称取原料、辅料和清水，混合搅拌配制成培养基，具体操作步骤与要求如下。

①选择场地　以水泥地和木板坪为好。泥土地因含有土沙，加水后泥土溶化会混入料中，不宜采用。选好场地后进行清洗并

清理四周环境。

②**过筛除杂** 先把棉籽壳、木屑、麦麸等主要原料、辅料,分别用2～3目的竹筛或铁丝筛过筛,剔除小木片、小枝条及其他有棱角的硬物,以防装料时刺破塑料袋。

③**区别混合** 先将木屑、麦麸、石膏、石灰等搅拌均匀,然后把可溶性的添加物,如蔗糖、尿素、过磷酸钙、硫酸镁、磷酸二氢钾等溶于水,再加入干料中混合。

④**加水搅拌** 采用自动化搅拌机时,将料混合集堆,拌料机开堆,搅拌,反复运行,使料均匀。农村手工搅拌必须采取培养料集堆,开堆,反复进行3～4次,使水分被原料均匀吸收。棉籽壳配方时,应提前1天将棉籽壳加水预湿,使水分渗透籽壳中。然后过筛打散结团。过筛时应边洒水,边整堆,防止水分蒸发。

(4)两项测定标准 培养料配制后必须进行含水量和酸碱度两项测定,常用感官测定。

含水量测定:培养料含水量要求达到60%。测定方法用手握紧培养料,指缝间有水滴为标准。若手握料指缝间水珠成串下滴,掷进料堆不散,表示太湿。水分偏高,不宜加干料,以免配方比例失调,只要把料摊开,让水分蒸发至适度即可。如果水分不足,加水调节。

酸碱度测定:茶薪菇培养基灭菌前,pH 6～7(灭菌后自然会下降至5～6)。测定方法:称取5克培养料,加入10毫克中性水,用石蕊试纸蘸澄清液,即可查出酸碱度。也可取广范试纸一小片,插入培养料中30秒钟后,取出对照标准色板比色,从而查出相应的pH。经过测定,如培养基偏酸,可加4%氢氧化钠溶液进行调节,或用石灰水调节至达标。

(5)配料关键控制点

①**含水量控制** 调水掌握"四多四少"。第一,基质颗粒细或偏干的,吸收性强的,水分宜多些;基质颗粒硬或偏湿的,吸水性

差,水分应少些。第二,晴天水分蒸发量大,水分应偏多些;阴天空气湿度大,水分不易蒸发,则偏少。第三,料场所是水泥地的因其吸水性强,水分宜多些;木板地吸收性差、水分宜调少些。第四,海拔高和秋季干燥天气,用水量略多;气温30℃以下配料时,含水量应略少些。木材质地坚硬与松软,木屑颗粒粗与细,本身基质干与湿之差,一般约相差10%。特别是甘蔗渣、棉籽壳、玉米芯等原料,吸水性极强,所以调水量应相应增加。

②**均匀度控制** 拌料不均匀,培养料养分不均衡,接种后会出现菌丝生长不整齐。比如,配方中常用过磷酸钙,如若没经溶化就倒入料中,拌料后又没过筛,过磷酸钙整块集聚,装袋后集中在部分袋内,致使茶薪菇菌丝接触这部分培养料时难以生长。有的由于拌料不均匀,导致氮源不均匀,只长菌丝而不出菇。因此,配料时要求做到"三均匀",即原料与辅料混合均匀、干湿搅拌均匀、酸碱度均匀。

③**操作速度控制** 茶薪菇秋栽量一般较多,此时气温25℃~30℃,常因拌料时间延长,培养料发生酸变,接种后菌袋成品率不高。因为培养料配制时要加水、加糖,再加上气温高,极易使其发酵变酸。所以,当干物料加水后,从搅拌至装袋开始,其时间以不超过2小时为妥。这就要做到搅拌分秒必争,当天拌料,及时装袋灭菌,避免基质酸变。要推广使用新型拌料机拌料,加快速度。如若人工拌料,就要配足拌料人手,抓紧进行,要求在2小时内拌料结束。

④**污染源控制** 在培养料配制中,为避免杂菌侵蚀,必须从原料选择入手,要求足干,无霉变;在配料前原料应置于烈日下暴晒1~2天,利用阳光的紫外线杀死存放过程感染的部分霉菌。拌料选择晴天上午气温低时开始,争取上午8时前拌料结束,转入装料灭菌,避免基质发酸,杂菌孳生。

⑤**添加剂控制** 培养基添加剂必须实施国家农业部NY

5099—2002,《无公害食品 食用菌栽培基质安全技术要求》(详见本书 11 页表 1-6)。

(6)培养料发酵操作技术 培养料通过集堆发酵是为了利用有益微生物,催化分解腐熟,同时杀死培养料中的病毒菌和虫卵,有利茶薪菇菌丝更好地吸收营养生长和提高产量。各产区也采用培养料先发酵后,再经装袋灭菌,用于栽培茶薪菇,收到较好效果。培养料发酵处理操作技术如下。

①建堆 将拌匀的料集成梯形堆。堆宽 1.1～1.4 米、高1.2～1.5 米,上窄下宽,长度依料量多少而定。一般每堆不少于150 千克,大规模栽培每吨料集成一堆,集堆后将料面拍打平整。

②打孔 用木棒在料堆上打 3～4 排,间距 30～50 厘米的通气孔,直至堆底。孔径 7～9 厘米,孔与孔的位置是梅花形排列。

③盖膜 打孔后在料堆四角插上温度计,然后覆盖塑料薄膜保温保湿。覆膜时离地面 10～20 厘米处可以不盖膜,以利于透气。

④翻堆 建堆后 2～3 天,堆内温度上升达到 65℃～70℃,进行第一次翻堆,将内外、上下、左右位置的料互相调换,边翻堆边搅拌,边重新建堆。发现料偏干时,适当补水,以后每隔 1～2 天翻堆一次。

⑤标准 一般发酵 6～8 天,发酵料应达到标准:料呈棕褐色,表面湿润,有光泽、不黏不朽、松散、无酸臭霉味、无氨气,含水量65%～60%。

在发酵料处理环节上,近年来各产区又有新的方法。例如古田县王祥的研究方法为,先将棉籽壳、木屑按干料量加 110%的石灰水(生石灰按干料 3%～5%)拌匀,集成堆宽 2 米、高 1.2 米,长度视料量,冷天加盖薄膜,建堆后每 2 天翻堆 1 次,使料温达 60℃左右,经 6～8 天发酵,即可装袋,然后再进行常压灭菌,以达到100℃保持 5～8 小时后停火,然后再焖 10～13 小时,卸袋冷却。

(六)培养料装袋灭菌规范化操作技术

1. 装袋操作规程

培养料配制后转入装袋工序。装袋分为机械装袋和手工装袋。目前商业生产多采用装袋机装袋。采用半自动化装袋机,每台机配备操作人员5人,其中上料1人,掌机1人,传袋1人,扎袋2人,每台每小时可装1500~2000袋。机械装料具体操作如下。

(1)掌机运转 装袋机使用时,应根据装袋需要,更换相应的搅龙套。检查机件各个部位的螺栓连接是否牢固,传动带是否灵活。然后按开关接通电源,装入培养料进行试机。搅龙转速为650转/分。生产过程中,若发现料斗外有物料架空时,应及时拨动斗内的物料,但不得用手直接伸入料斗内拨动物料,以免扎伤手指。

(2)装料入袋 先将薄膜袋口一端张开,整袋套进装袋机出料口的套筒上,双手向薄膜袋口紧托。当料从套筒源源输入袋内时,右手撑住袋头往内紧压,形成内外互相挤压,使料入袋后更紧实。此时左手托住料袋,顺其自然后退。当填料接近袋口4厘米处时,料袋即可取出,并转入下一道捆扎袋口工序。

(3)捆扎袋口 采用塑料编织带或棉纱线捆扎袋口。操作时,先按装料量增减袋内培养料,使之足量;继而左手抓料袋,右手提袋口薄膜合拢,左右对转,扭紧薄膜,紧贴不留空隙。然后清理袋口剩余薄膜内的空间,扫掉沾黏的残物,再把袋口薄膜合拢,用带或线缠扎袋口3~4圈。这是现有大面积生产茶薪菇采用折角袋装料扎口的一种方式。

另一种是培养料装袋后,袋口上塑料套环,形成瓶颈状,用棉花塞口。这种方式接种后透气性好,但装袋、套环、上棉花塞,比较麻烦,小规模生产适用。

(4)防止爬料破袋　机装速度较快,如果扎口操作来不及,袋子填料后应捏紧袋口薄膜反折过来,装好扎牢袋口。用纱布擦去袋面残余物,平放在铺有麻袋或薄膜的地上,防止地上沙粒磨破料袋。

手工装料大多安排女工。具体操作方法:把薄膜袋口张开,用手一把一把地把料塞进袋内,当料装到 1/3 时,把袋提起,在地面小心振动几下,让料落实,再继续填料,当装至满袋时,用手在袋面旋转下压或朝袋口拳击数下,使袋料紧实无空隙,然后再填充足量,袋头留薄膜 5 厘米,转入扎口,方法同机装。

2. 装料量标准

培养料装袋量因原料基质不同,差异较大,每袋装料量标准无可统一规定。这里以棉籽壳为原料的配方,列举几种不同规格栽培袋一般装料量,见表 3-5。

表 3-5　茶薪菇常用栽培袋的棉籽壳配方装料量

料袋规格 (长×宽)(厘米)	干料容量 (克/袋)	装袋后湿重 (克/袋)
15×30	300～350	650～750
15.3×33	350～400	750～850
17×33	400～450	850～950
17×37	450～500	950～1050

装料量多少视栽培实际需要,袋口薄膜少留,装量就多;反之,袋口薄膜多留,装量就少。因此每袋装量多少,自行灵活掌握。

3. 装袋质量要求

装袋好坏关系到培养基质量,直接影响成品率高低和茶薪菇的产量。为此无论是机装和手工装,都必须做到"五达标"。

(1)不超时限 培养料配制后,如果装袋时间拖延,袋内积温致使微生物繁殖,造成基料发酸,使 pH 变化,对菌丝生长不利。因此,装袋操作时限性很强,即从培养料加水到拌料装袋结束,时间不应超过 5 小时,以防培养料发酵变酸。在生产中要根据本批料袋的数量和装袋生产力,安排相应的人手,确保在时限内完成装袋指标。

(2)松紧适中 培养料的松紧度标准,应以成年人抓料袋,五指用中等力捏住,袋面呈微凹指印,有木棒状感觉为妥。如果手抓料袋料有断裂痕,表明太松。

(3)扎口密封 捆扎袋口要求捆扎牢固、不漏气,防止灭菌时袋料受热膨胀,气压冲散扎头。袋口不密封,杂菌从袋口侵入。

(4)轻取轻放 装料和搬运过程要轻取轻放,不可乱摔,以免料袋破裂。

(5)日料日清 培养料的配装量要与灭菌设备的吞吐量相衔接,做到当日配料,当日装完,当日灭菌。

灭菌灶通常一次装量 5 000 袋或 1 万袋,料袋进灶和灭菌的时间长达 20 多小时,如果配料量超过灭菌灶的容量,剩余的料袋需待 20 多小时后才能进行灭菌,必然引起酸败变质,所以应事先计算准确装配量。

4. 料袋灭菌技术

料袋灭菌常用常压高温灭菌、灭菌柜灭菌,以及高压锅灭菌,下面分别介绍操作方法。

(1)常压灭菌操作规程 料袋灭菌多采取常压高温灭菌方法，将有害的微生物，包括细菌芽孢和霉菌厚垣孢子等全部杀灭，这是一种彻底的灭菌方法。

茶薪菇料袋灭菌工作做得好坏，直接关系到菌袋培养的质量和杂菌污染率。一些栽培者在灭菌上麻痹大意，工作马虎失误，以至培养料酸变或灭菌不彻底，接种后杂菌污染严重，菌袋成批报废，损失严重。为此，灭菌必须"五注意"。

①**注意及时进灶** 培养料未灭菌前，蕴存有大量微生物群，在干燥条件下处于休眠或半休眠状态。特别是老菇区空间杂菌孢子甚多，当培养料调水后，酵母、细菌活性增强，加之配料处于气温较高季节，培养料营养丰富，装入袋内容易发热，如未及时进行灭菌，酵母、细菌加速增殖，将基质分解，导致酸败。因此，装料后要立即进灶灭菌。

②**注意合理叠袋** 茶薪菇栽培袋是短袋，它与香菇等长袋的进灶堆叠灭菌方式不同。茶薪菇料袋灭菌前，利用饲料编织袋进行集装，每个编织袋装 40～45 个料袋，然后上灶。叠包时采取一行接一行，自下而上重叠排放，上下形成直线；前后叠的中间要留空间，使气流自下而上畅通，蒸汽能均匀运行。有些栽培者采用"品"字形重叠，由于上包压在下包的缝隙，气流受阻，蒸汽不能上下运行，会造成局部死角，使灭菌不彻底。叠好包后，罩紧薄膜，外加麻袋或帆布，然后用绳索缚扎好灶台的钢钩上，四周捆牢，以防蒸汽把罩物冲飞。

③**注意控制温度** 料袋上灶后，立即旺火猛攻，使温度在 5 小时内迅速上升至 100℃，这叫"上马温"（即从点火到 100℃。）如果在 5 小时内温度不能达到 100℃，就会使一些高温杂菌繁衍，使养分受到破坏，影响袋料质量。达到 100℃后，一般灭菌灶要保持16～18 小时，中途不要停火，不要加冷水，不要降温，使之持续灭菌，防止"大头、小尾、中间松"的现象。大型罩膜灭菌灶，膜内上温

较快,因此应以蒸汽从罩膜下旁压出的叫声信号,表示内在温度达100℃。但因容量大,所以上升至100℃后应保持24小时,也就是一昼夜左右,才能达到彻底灭菌目的。

④注意认真观察 在灭菌过程中,工作人员要坚守岗位,随时观察温度和水位,检查是否漏气。如果温度不足,则应加大火力,确保持续不降温。及时补充热水,防止烧焦。

⑤注意卸袋搬运 料袋达到灭菌要求指标后,即转入卸袋工序。大型罩膜灶卸袋前,将罩膜揭开让热气散发,若是砖砌蒸仓灭菌灶,应先把蒸仓门板螺丝旋松,把门扇稍向外拉,形成缝隙,让蒸汽徐徐逸出。如果一下打开门板,仓内热气喷出,外界冷气冲入,一些装料太松或薄膜质量差的料袋,突然受冷气冲击,往往膨胀成气球状,重者破裂,轻者冷却后皱纹密布,故需等仓内温度降至60℃以下时,方可趁热卸袋。卸袋时,应套上棉纱手套,以防被蒸汽烫伤。如发现袋头扎口松散或袋面出现裂痕,则应随手用纱线扎牢袋头,用胶布贴封袋口。卸下的袋子,要用板车或拖拉机运进冷却室内。车上要下铺麻袋,上盖薄膜,以防刺破料袋和被雨水淋浇。

(2)灭菌柜灭菌操作规程 规模化栽培茶薪菇的生产基地,可采用常压锅炉、常压灭菌柜的设施进行灭菌。

①料袋进柜 将料袋装入铁架周转筐,或采用编织袋装包,然后集摆于装载车上,推入灭菌柜内,关闭两端柜门,用棉纱袋塞填柜门底缝隙。

②送气排冷 适量开启柜顶阀及两侧排气阀、门端侧的进气阀和锅炉房内送气阀,让高压蒸汽沿进气管喷射口喷出,柜内冷气由排气阀喷出。

③温标时限 柜内温度上升至100℃,历时4小时,使料袋中心料温达到100℃。此时调节进气阀并计时,使柜内温度保持100℃后,并持续10～13小时。

④**排除余气**　灭菌达标后关闭锅炉房送气阀和柜端进气阀，调节灭菌柜两侧排气阀。待排气阀排出的气雾消失时，稍开两端柜门，让柜内余气逸尽。

⑤**出柜冷却**　灭菌达标后用铁钩拉出料袋装载车。推进冷却室或直接送入接种室。料袋装载车之间，应留30～50厘米间隙，以利散热。然后进入排场冷却。

(3)高压灭菌操作规程　这是用高压蒸汽灭菌锅灭菌的方法，操作规程如下。

①**垒袋适量**　根据高压锅容积量，WSG型一次只能装500袋为适；大型双开门的一次要装3 000袋。料袋若排垒得过多，会妨碍蒸汽的流通，影响温度分布的均匀，造成局部温度较低，甚至形成温度"死角"，达不到彻底灭菌，导致以后杂菌污染。

②**排尽冷气**　灭菌锅内留有冷空气，密闭加热时，冷空气受热很快膨胀，使压力上升，造成灭菌锅压力与温度不一致，产生假象蒸气压，致使灭菌不彻底。排除冷空气的方法有缓慢排气和集中排气两种。缓慢排气法，即开始加热灭菌时即打开排气阀，随着温度的逐渐上升，灭菌锅内的冷空气便被排出，当锅内温度上升至100℃，大量蒸汽从排气阀中排出时即可关闭排气阀，进行升压灭菌。集中排气法，即在开始加热灭菌时，先关闭排气阀，当压力上升至0.05兆帕时，打开排气阀，集中排出空气，让压力降至"0"，然后再关闭排气阀，进行升压灭菌。

③**灭菌温标**　高压蒸汽灭菌，应根据培养基物质而定。木屑培养基灭菌通常采用0.15兆帕的压力，灭菌时间1～1.5小时；棉籽壳为主的培养基适当延长至2.5小时较适合。高压灭菌温度与蒸汽压力对照表，详阅菌种制作工艺中培养基高压灭菌一题。

④**出锅控速**　灭菌达标后，启开锅门时，不要一下子开大，防止锅内与锅外温差过大，而引起薄膜膨胀，造成袋膜纹皱；或气压过大引起袋头松脱。因此揭开锅盖时，应先将锅盖一侧内靠，一侧

外斜,让锅内蒸汽徐徐排出后,再揭开锅盖排出蒸汽。料袋趁热卸锅或卸灶,会起到巴氏灭菌作用,可避免搬运过程外界杂菌孢子落附在袋面。

⑤**卸袋散热** 料袋卸灶或卸锅后趁热搬进冷却室内,进行疏袋散热。进房后的料袋可采取架摆叠每叠 3~4 袋,或平地垒叠6~7 袋,形成墙式,前后排间距 10~50 厘米。将室内的所有门窗打开,让空气对流,若是秋季制袋的,自然气温高,降温慢,室内采取风扇、排风扇散热。料袋冷却的时间一般需要 24 小时,直至手摸袋而无热感。要求温度降至 28℃ 以下,检测方法可采取棒形温度计插进袋内观察料温。如料温超过 28℃,则应继续冷却至达标,方可进入下一道接种工序。

(七)菌袋接种规范化操作技术

1. 接种场所要求

接种场所环境条件好坏,关系到菌袋接种的成品率,因此对接种场所要求比较严格。现行常用的有以下三种。

(1)无菌室 又叫接种室,专业性厂(场)必须建造无菌室。其结构详见第三章菌种生产中关于无菌室的特殊要求。农家可利用住房按无菌条件改造,消毒灭菌。

(2)塑膜接种帐 在野外塑料大棚和日光温室内,采用 4 米宽的聚乙烯塑料薄膜围罩成"接种帐"。四周衔接种处用胶纸黏密,帐内面积 5~6 米², 地面清理平整,铺上细沙盖上地膜,形成无菌状态的接种帐。

(3)接种箱 小规模生产可利用接种箱接种,把料袋连同菌种和接种工具一起搬进箱内,按常规消毒后进行接种。

2. 消毒净化

无论使用哪种接种场所，为达到无菌条件，工作间必须严格消毒，净化环境。要求在接种前做到"两次消毒"，即空房先消毒，料袋进房后再消毒。常用消毒方法有如下几种，可任选一种。

(1)喷洒法 在室内喷洒 1～2 次等量 500 倍波尔多液和 1％漂白粉溶液杀菌，然后再用 5％苯酚两次喷雾墙壁、空间和地面，密闭 1 小时后再启用。

(2)熏蒸法 按 15 米^{2}用甲醛 500 毫升加入 300 克高锰酸钾混合盛于碗中，产生甲醛气体，密闭门窗，熏蒸消毒 12～20 小时。

(3)气雾法 采用气雾消毒剂，每米^{3}用量 4～6 克。使用时用火柴或烟头点燃，即喷出白色烟雾，密闭 30 分钟以上可达灭菌的目的。

(4)照射法 用紫外线灯照射消毒。每次接种前将各种器具移入室内，一般 40 米^{3}的接种室，需用 2 盏 30 瓦紫外线灯，照射 2 小时后，才能达到消毒杀菌的要求。紫外线照射时，人员要离开室内，以防眼角膜、视网膜受伤。紫外线对杀灭细菌可靠，对霉菌可靠性较差。灭菌时用布或报纸遮盖菌种。

(5)电子消毒 这是利用臭氧气体的强氧化作用，在接种室空间扩散，迅速渗透到杂菌的细胞壁，使其蛋白变性，破坏酶系统，在代谢过程中而被杀灭，从而净化环境，达到无菌状态。将电子灭菌器挂于接种室高度 2/3 处，因臭氧气体比空气重，在扩散时呈现下沉趋势。插上电源开机，消毒时间 30～45 分钟，消毒停机 15～20 分钟后，接种人员进房，此时臭氧已还原为氧气，对人体无不良反应。

消毒时间：无论采取哪一种方式消毒，第一次空房消毒时间应在接种前 24 小时进行，消毒方法宜用药物喷洒或熏蒸法；而在料袋进房再次消毒时，应在接种前 1 小时进行，消毒方法不宜采用水剂药物喷洒法,防止增加空间湿度,因此应采用气雾消毒盒、紫外线照射消毒,其用量和方法与第一次消毒相同。

3. 菌种预先处理

为保证料袋接种不受杂菌污染,除了做好接种场所消毒灭菌处理外,菌种这一关要把严。

(1)菌种质量检验 无论是从专业制种单位购买的菌种或是自行扩大培育的菌种,在料袋接种前必须进行检验,其标准如下。

①**菌龄** 适龄的茶薪菇菌种要求:12 厘米×24 厘米袋,其菌龄 40 天左右;15 厘米×30 厘米袋,不超过 50 天。菌龄太老,生活力弱。

②**纯度** 菌种纯度达到 100%,不能带有杂菌污染,不得有不正常现象存在。

③**长势** 菌丝健壮,长势旺盛有力、均匀、整齐、分枝浓密。一般以走到底部为适。

④**颜色** 色泽浓白,无出现萎黄或白中带黄、变红。

⑤**气味** 打开棉塞闻有香味,无酸臭味、酶变味和异味。

⑥**基质** 培养基与菌丝体互相连接不松散,手捏基质有水印出现。

如果袋壁出现水珠,菌丝萎缩与袋壁脱离,表面菌被变褐色,培养料干涸松散,或出现酱红色斑点,原基扭结,说明菌种老化,质量不合标准;若发现菌丝走势中断或色泽变黄,以及红、绿、黄、黑色斑点状杂菌污染,则为劣菌种,应淘汰。

(2)菌种预处理方法 先拔掉瓶口或袋口套环棉塞,用塑料袋包裹瓶口或袋口,然后搬进接种室内,再用接种勺伸入菌种瓶(袋)内,把表层老化菌膜挖出。如出现白色纽结团的基质也要镊出,并用棉球蘸 75%酒精,擦净瓶(袋)壁四周。然后包好口,再搬进接种室内。若是扎袋头的菌种,开袋口预处理后同样方法处理好菌种后,把袋口扭拧后搬进接种箱内接种。

4. 接种无菌操作技术

料袋接种的前提是,袋温必须降至 28℃ 以下方可进行接种。如果袋温超标,菌种接入后被灼热,影响萌发。具体接种无菌操作技术如下。

(1)时间选择 选择晴天午夜或清晨接种,此时气温低,杂菌处于休眠状态,有利于提高菌袋接种的成品率。雨天空气湿度大,容易感染霉菌,不宜进行接种。

(2)接种物入室 将灭菌后的塑料袋搬入无菌室或接种帐内后,连同菌种、接种工具、酒精灯一起,进行第二次消毒。先用气雾剂熏 30 分钟以上,接种前 40～60 分钟,再用紫外线灯照射 30 分钟,达到无菌条件。工作人员需穿戴工作服、帽、口罩及拖鞋。农家接种人员,要求洗净头发并晾干,更换干净衣服,方可入室。接种前双手用 75% 酒精擦洗或戴乳胶手套。

(3)接种方法 现有接种方式有两种。一种是打开袋口扎绳,把菌种接入袋内后,再扎口。另一种是在袋旁打一个接种穴,穴口直径 1.5 厘米、深 2 厘米。菌种接入穴内后,穴口胶布或胶纸贴封;也有的采用 18 厘米宽的食品袋套入。这两种方式均可,具体操作方法如下。

①**解口接种法** 第一个工作人员将袋口解开,搬到接种工作台。第二个工作人员手戴乳胶套,将菌种掰一小块约大拇指大,迅速放入袋内培养基中央。第三个工作人员接过袋子迅速扎好袋口或外套袋。第四个工作人员将接种后的菌袋摆放堆架。

②**打穴接种法** 第一个工作人员把料袋搬到接种工作室后,即用打洞器在袋肩或袋旁打一个接种穴。第二个工作人员将菌种接入穴内,顺手接压菌种,使之穴紧贴基料。第三个工作人员用胶布封口或外套袋。第四个工作人员搬离菌袋摆叠。

(4)操作迅速敏捷 由于接种时要打开穴口胶布,使培养料暴露于空间,如果室内消毒不彻底,残留杂菌孢子容易趁机而入;同时,接种时间延长,空间温度相对升高,也容易引起感染。另一方面接种器具为金属制品,久用易灼热,菌种通过酒精灯火焰区时,如果动作缓慢,则容易烫伤。因此,整个操作过程要求熟练,做到迅速敏捷。

(5)接种后通风 接种后每一批料袋接种完后,必须打开门窗通风换气 30～40 分钟,然后关门窗,重新进行消毒,继续接种。有的菇农接种常在普通房间内用塑料薄膜罩住四周,密封性较强,但接种后如果不揭膜通风,由于室内人的体温,加上接种时打开穴口使料内水分蒸发,形成高温高湿,容易带来杂菌的积累,势必造成污染。

(6)清理残留物 在接种过程中,菌种瓶的覆盖膜废弃物,尤其是工作台及室内场地上的木屑等杂质,必须集中在一角,不要乱扔。待每批料袋接种结束后,结合通风换气,进行一次清除,以保持场地清洁,杜绝杂菌的污染。

(7)强调岗位责任 由于袋栽茶薪菇生产规模较大,接种工作量相当大。接种人员要做好个人卫生,严格按照无菌操作规程进行接种。要安排好人手,落实岗位责任制。加强管理,认真检查,及时纠正,确保善始善终地按照规范技术要求进行操作。

(八)菌袋规范化培养管理技术

料袋一经接种,便称为菌袋,是茶薪菇子实体生长的载体。接种后的菌袋要及时集中搬进室内排袋培养。菌丝发育的好坏,直接关系到子实体的发育与生长。为此,必须按照菌丝生长发育的要求,创造适宜的环境条件,促进菌丝健康发育生长。

1. 培养场所要求

菌袋培养的场所,总体要求在避光、干燥、通风、温度23℃～28℃恒温的环境条件下进行。根据其种性特性,菌袋发菌培养阶段,称为"前半生",应在室内培养,易于控制温度,使菌丝生长发育正常;而"后半生"出菇阶段,在野外菇棚比较适合。因此有人把它称为前后"二场制"。而在我国北方许多地区,发菌培养和出菇管理均在同一个日光温室内进行,称为"一场制"。不论是在室内养菌或是在日光温室养菌,在进袋前10天都要将养菌场所打扫干净,并进行一次彻底消毒,杀灭潜存的病原菌和虫害。

2. 菌袋堆垛方式

菌袋堆垛主要有两种方式。一种是室内搭架5层叠袋,每层架床上重叠4～5袋,形成堆垛。另一种是野外搭盖罩膜遮阴发菌棚,采取平地摆放重叠,即菌袋一个挨一个摆放,或平地顺码堆垛,一层一层重叠。堆叠时袋口方向可与门窗方向一致,袋口朝外。温度高时摆放4层,气温低时摆放6层,堆垛与堆垛之间留40～60厘米的人行道。堆垛的方向要顺光,一般坐北向南的日光温室,堆垛按南北走向,即与北墙垂直。在堆垛时向上一层两端各少摆一个菌袋,使堆垛的两端呈现下长上短的斜形。采用上述集约化堆垛养菌,一个罩膜遮阴发菌棚,宽5.5米、长32米、高2.6米,一次可摆叠菌袋2.5万个。还有一种是直立排放,将菌袋平地竖着排列,横行对齐,气温高时可防止高温烧菌,但占地面积大,利用率低。

3. 培养温度控制

茶薪菇菌丝生长的温度范围在5℃～35℃,但以20℃～28℃

菌丝生长旺盛,低于5℃生长缓慢,高于28℃生长速度均下降。其中17℃～23℃,菌丝生长稍慢,但比较健壮,温度偏低培养,有利于控制杂菌的污染;而23℃～26℃生长速度较快。在菌袋培养期间温度控制,应掌握好以下四个方面。

(1)协调"三温" 发菌期间密切注意室温、菌温和堆温三种温度的变化。室温是指室内的自然温度,堆温是指堆袋间的温度,菌温是指培养料内菌丝体生命力活动所产生的温度。在高温季节,要避免极端高温危害;低温季节要利用三种温度效应,提高室温,促进发菌。发菌过程中,由于菌丝不断增殖,新陈代谢渐旺,菌温亦随之升高,叠放越高,堆温越高;叠袋的数量越多,堆温越高;同时气温越高,堆温也随之升高。一般堆温比室温高2℃～3℃。当菌丝生长旺盛,解开袋口扎带后,供氧量增加,菌丝更加活跃,菌温会比堆温高2℃～3℃。当菌丝长满袋的一半时,出现第一个菌温峰值,此时菌温会比室温高4℃～6℃。当菌丝长满袋后10～15天,出现第二次菌温峰值。因此,管理中必须时刻关注三个温度的相互关系。在高温季节,疏散堆距,改变堆形,减少层次,加强通风换气,降低室温,预防烧菌,保证菌丝安全度过高温期。在低温季节,可利用菌温和堆温,并用薄膜覆盖保温,促进菌丝生长。茶薪菇发菌培养的温度应按照不同的生长阶段,区别掌握。

(2)萌发期抢温发菌 茶薪菇接种后,菌丝萌发比香菇和白灵菇等都慢。接种后1～5天料温低,培养室内可以提高2℃,即在25℃～28℃抢温发菌,促使原接入的菌种块菌丝萌发。当看到菌毛延伸爬上培养料向四周辐射生长时,室温应调至24℃～27℃。15天左右菌温开始上升,此时室内温度宜掌握在23℃～26℃,这样能使袋内温度处于菌丝生长的最佳温度。如果冬季或早春气温低,可用薄膜加盖菌袋使堆温提高,来满足菌丝萌发的需求。

(3)生长旺盛期防高温 接种后16～35天,菌丝长满袋口,朝向四周生长,呼吸增强,以纵向生长为主,分枝少,色浓白呈线状。

当菌丝生长超过菌袋一半时,呼吸加强,新陈代谢活跃,自身产生热量,菌温和二氧化碳浓度出现第一次高峰。如管理跟不上,易出现烧菌。必须加强通风换气和降温管理,室内温度控制在 23℃～26℃,早晚通风各 1 次,并适当延长通风时间。

(4)成熟期控温疏袋 一般接种后 36～50 天,菌袋解带松口增氧后,菌丝生长旺盛,很快走到袋底,色白浓密,布满袋面,呼吸强度极强。此阶段室温宜在 22℃～25℃。如果室温达 28℃时,必然引发菌温超过 30℃,堆温也就随之升高 2℃～3℃,容易导致菌丝发黄变红,受到严重损伤,甚至发生"烧菌",菌袋变软,培养料发臭。因此,必须注意疏袋散热,以控制堆温,降低菌温。

4. 注意防潮湿

菌袋培养阶段,菌丝在袋内生长所需的水分,不需由外界供给,而是依靠基内现有的水分,为此要求场地干燥,空气相对湿度在 70% 以下为好。如果场地潮湿,空气相对湿度高,会引起杂菌孳生,造成菌袋污染。因此,培养室宜干不宜湿,要防止雨水淋浇和场地积水潮湿。如果湿度过大时,可在地面和菌袋上撒石灰粉除湿。特别强调在菌袋培育期间,不论何种情况都不可喷水。菌袋培养阶段每天至少通风 1 次,每次 20～30 分钟,气温高时早晚通风,始终保持室内空气新鲜。

5. 注意通风,避免阳光照射

培养室需要经常开窗通风更新空气,如果通风不良,室内二氧化碳沉积过多,会伤害菌丝体的正常呼吸;同时,也给杂菌发生提供条件。尤其是秋季时有高温,如果不及时通风,会使菌温上升,对菌丝生长发育不利。菌袋培养宜暗忌光,在黑暗的防空洞、地下室均可。如果光线强,菌袋内壁形成雾状,并挂满水珠,表明基内水分蒸发,会使菌丝生长迟缓,后期菌筒出现脱水;而且菌袋受强光刺激,原基早现,菌丝老化,影响产量。因此,菌袋培育期间门窗应挂窗纱或草帘遮光。

6. 及时翻堆检查

菌袋培养期间要翻堆 4~5 次。第一次在接种后 6~7 天,以后每隔 7~10 天翻堆一次。翻堆时做到上下、里外、侧向等相互对调。翻堆时要轻拿轻放,尤其是第一次翻袋时,要注意保护好接种口封盖物。因刚接种不久,菌丝尚未全面恢复,抗杂菌能力差,而接种穴的四周又容易被杂菌侵袭,所以接种穴上的封口物不要随便打开,以防杂菌侵入。

7. 区别袋况处理

翻袋时认真检查杂菌,及时分类进行处理。

(1)**轻度污染** 只是菌袋扎头或皱纹处出现星点或丝状的杂菌小菌落,没有蔓延开,可用注射针筒吸取 2％甲醛和 5％苯酚混合溶液,也可用 75％酒精 50 毫升,配加 36％甲醛 30 毫升的混合液,注射受害处,并用手指轻轻按摩表面,使药液渗透杂菌体内,然后用胶布贴封注射口。

(2)**局部污染** 杂菌侵入接种口或胶布边,而茶薪菇菌丝还处在生长状态、不受多大影响,可用 5％石灰上清液涂于患处。

(3)**污染点较多** 菌袋出现杂菌污染斑点较多,药物难以控制,可破袋取料,并加入 3％石灰拌匀集堆处理后,摊开晒干,用作栽培鸡腿蘑等粗放型菇类的原料。

(4)**严重污染** 整个菌袋布满杂菌,或 2/3 被侵染,此类无可救药的,应及时用塑料薄膜袋套住,然后连袋烧埋,防止扩散。

8. 菌袋培养管理技术程控

茶薪菇菌袋从接种日起培养至生理成熟,一般需 50～55 天。但由于接种方式不同,培养温度差异,菌丝长速也有别。采用打穴接种的菌袋,透气性好,在适温条件下培养 40 天菌丝就长满袋;而袋口接种扎头的菌袋,透气性差,在同样温度条件下,需要 50 多天菌丝才长满袋。为了便于菇农掌握菌袋培养管理日程技术控制,特列表 3-6 以供参考。

表 3-6　茶薪菇菌袋规范化培养管理技术程控表

接种后天数	菌丝生长状况	主要作业内容	生态控制			
			温度(℃)	湿度(%)	通风次数,时长(次,分钟)	光照
1～5	3 天后菌种块四周萌发菌丝	区别袋情,分类堆垛。观察长势,调控适温	25～28	70	1,20	避光
6～10	定植伸展料面,菌圈直径 3～4 厘米	观察吃料,测定堆温、菌温,进行第一次翻堆检查	24～27	70	1,20	避光
11～20	蔓延四周,覆盖料面,色泽浓白,健壮	调整堆垛,结合第二次翻堆检查,淘汰污染袋	23～26	70	早晚各 1,20	避光

续表 3-6

接种后天数	菌丝生长状况	主要作业内容	生态控制			
			温度（℃）	湿度（%）	通风次数,时长（次,分钟）	光　照
21～30	伸入料袋中 2/3,走势雄壮,色泽浓白	观察菌温、堆温,防止超温,调整堆垛,堆检查	23～26	70	早晚各 1,30	避　光
31～40	长满袋内 1/5,走势雄壮,色泽浓白	调整堆垛,均衡袋温和触氧,观察长势;打穴的袋,40 天可解开袋口扎绳	23～26	70	早晚各 1,30	避　光
41～50	长势苗壮,交织紧密,基质坚硬有零星褐点	观察长势,区别袋况,扎口的应解开袋口扎绳透气,引光刺激	22～25	70	早晚各 1,30	散射光 200 勒
51～55	基质转为弹性,呈现褐色花斑	观察气象,控制适温,防止超温,加强通风,引光刺激	22～25	70	早晚各 1,30	散射光 300 勒

注:以上菌袋生长状况,是以框定的最适温度条件下培养。如果气温超过框定温区,会使菌丝生长发育的时间提前或拖长。温度超过 1℃～2℃,虽然满袋的时间会提前,但菌丝积累营养不足,会影响产菇量。

（九）菌袋规范化排场开口催蕾

1. 常用出菇模式

（1）多层集约化立体摆袋出菇 集约化栽培是一种菌袋密集型的立体栽培模式。集约化栽培占地面积小，一般菇棚宽7.1米、长13米、高3～4米，内设6层架床，一次可摆放茶薪菇菌袋3.6万个，平均每平方米摆放100袋。它靠的是利用空间，来获得较高的产品数量。从而降低劳动成本，提高管理水平，大幅度地提升产量，来获取较高的经济效益。因此成为现在和今后食用菌产业标准化生产的必由之路，是一种理想的模式。

（2）卧袋重叠菌墙双向出菇 菇棚整理好畦床后，把两个菌袋的袋底对接，平地重叠成6～8个袋高的菌墙。再把向外一端菌袋的袋口解开，让茶薪菇子实体长出，形成两边菌墙出菇，中间作业通道。500米²的菇棚，可摆放菌袋3万个左右。此种模式节省搭架成本，但长菇一般向上翘起，带有弯形，外观稍差些。

（3）畦床埋筒覆土平面出菇 覆土栽培出菇方式，是将菌袋脱去薄膜，菌筒竖放于畦床上，用肥土填满袋间和覆盖畦面，形成平面长菇；或菌袋长菇2～3批后，搬到野外菇棚内，将菌袋切断，断面向上竖放畦床，然后袋间隙填土和覆土畦面出菇。此种模式长菇形态好，但占地面积大。

（4）菌袋泥砌码垛出菇 将菌袋一端的薄膜环割2/3脱袋，然后将两个菌袋的袋底对接，卧摆于畦床上，相距3～5厘米，肥土填间。摆好一层，覆土1～2厘米厚，再摆第二层菌袋，再填土和覆土，如此摆放6～7层，呈梯形状。上面泥土做成蓄水槽，便于灌水。菇棚宽7米，长25米，可垒砌菌墙6000袋。此种方式可利用土壤优势，提高产量和品质，但花工较大。

2. 菌袋成熟标准

茶薪菇菌袋由室内培养到野外菇棚摆袋出菇,必须达到生理成熟,才能实现产量高、菇质好。菌袋成熟标准掌握以下四条。

(1)菌龄 一般从接种日起到离培养室前,在适温环境中培养的时间,扎袋口的为 50～55 天菌龄,采取打穴接种的透气好,菌丝发育较快,一般 40～45 天菌龄。

(2)积温 茶薪菇的有效积温区为 4℃以上、30℃以下。菌袋生理成熟有效积温为 1 600℃～1 800℃。培养料颗粒细小,基质疏松的,有效积温要求较低,一般在 1 000℃～1 200℃。若以 4℃的积温为 0,有效积温=(日平均温度-4℃)×培养天数。

(3)色泽 菌丝浓白,长势旺盛,气生菌丝呈棉绒状,袋口出现零星棕褐色小斑点,菌丝生长代谢好,有的会吐黄水。

(4)基质 菌袋富有弹性,重量比原有减少 20%,说明培养料已适当降解,积累足够养分,正向生殖生长转化。

上述四条中,菌龄作为参数,但不是决定条件。因为培养时间长短与温度有直接关系。有的虽然培养时间达到 60 天,但春季接种后,培养阶段处于低温,菌丝发育缓慢,虽在时间上已达到要求天数,但菌丝尚未达到生理成熟。因此菌丝体色泽和基质是衡量生理变化达到程度的主要标志。

3. 区别袋况分类处理

为使上架的菌袋达到规定标准,进棚前必须进行菌袋分类处理。

(1)最佳菌袋 菌丝长势好,色泽浓白,褐色斑点正常,基质手感硬,袋面无出现秸秆线,无杂菌出现。此类菌袋集中摆放在一起,进行第一批催蕾出菇管理。

(2)良好菌袋 菌丝虽已长满袋,浓白度没达标,色泽较差,基质手感松散,属二类菌袋。此类菌袋主要营养积累不足,继续在适温下培养一段,等达到一类水平后,再行催蕾出菇管理。

(3)好中有缺 菌丝已长满袋,色浓白,有褐斑,但袋内菌丝有抑制颉颃线或被控制杂菌的伤疤,基质会正常出菇,但产量与品质受一定影响,列为三类菌袋,摆在一起进行催蕾出菇管理。

(4)污染菌袋 发菌期被杂菌污染,虽经控制处理,但仍有少量受污染的部位菌丝仍正常,还会长菇,此为四类菌袋,集中单独处理,也可将污染的部分挖掉,洒上 10%石灰水后,采取畦床埋筒覆土长菇方式处理。

4. 菌袋上架排场

菌袋经过分类处理后,进入上架排场工序。架层式集约化立体栽培,菌袋是采取竖立摆放。袋与袋之间的距离,视季节和气候变化有别。在摆袋上注意以下四个方面。

(1)早春低温摆袋宜紧靠 早春气温低,采取袋与袋紧靠摆放,有利保持袋温,促进菌丝更好复壮,出现原基形成菇蕾。

(2)秋季摆袋需留风路 秋季常有高温出现,尤其 8～9 月秋热时南方温度超过 32℃。为此菌袋摆列采取横行对齐,前后列菌袋之间要留 3～4 厘米的通风路,有利空气流通散热。

(3)高温顶层不摆袋 气温高的季节,顶层一架暂不摆袋,可先将菌袋集放于作业道,等气温降至 30℃ 以下时再上架。

(4)架床摆袋量 菇棚内的架床 5～6 层为宜,最高不超过 7 层,每平方米的架床一般摆放菌袋 100 个为宜。

5. 菌袋开口增氧

菌袋摆放上架 1～2 天后,就可启开袋口,通风增氧,诱发原基发生。在技术上主要有以下三个方面。

(1)开口前喷药杀虫 菌袋培养过程或多或少附着杂菌或螨虫。袋口薄膜撑开后,由于菌丝香味又会诱引蚊虫入侵。因此开口前必须进行一次除害灭病处理。摆袋后第一天可采用磷化铝抑菌杀虫。商品磷化铝有片剂和粉剂两种剂型。用量每立方米空间用 3 克量的片剂一片,或粉剂 2~4 克。将磷化铝置于碗盆中,分散施药点。不可集中在一个施药点,否则对菌丝不利,施药后紧闭门窗。在熏蒸过程中切不可直接与雨水或棚膜内结露处接触,否则会引起燃烧。熏蒸时间视气温而定,在 25℃左右时,28~32 小时;15℃左右时,需 48~52 小时,以发挥药效杀菌灭虫效果。或采用阿维菌素(100 毫升/瓶)+啶虫脒(275 毫升/瓶)+灭幼脲(350 毫升/瓶)这三种农药混合对水 250 升,进行喷雾空间和袋面,对杀灭虫害效果很好,又符合无公害栽培用药的要求。如果开口前发现螨虫,可用 73%克螨特乳油 2 000 倍液喷洒杀灭。喷药时间应在午后 2 时前后,因此时是昆虫交尾或活动的高峰期。通过喷药处理,减少菇房内单位空间的虫口数。

(2)开口关键技术

①**开口时间** 菌袋经过药物灭菌杀虫处理后,一般在规定药效期后就要进行一次大通风,排除药物残留气体,更新空气。如果时间拖长,棚内农药残留气体沉积,有害菌丝。开口宜选用晴天上午,打开所有门窗,让内外空气对流。

②**松口操作** 菌袋封口不同,松口方法有别。用绳线扎口的,可把扎绳解开,把薄膜拉直,让袋口张开,然后再把薄膜拢合,用手把袋膜扭拧,使其形成微量通风,避免开口过早,菌丝暴露空间的面积过大,导致表层失水,菌丝干枯,影响原基形成。袋口套环塞棉的,先可把棉塞拔出,3 天后再将套环脱下,把将薄膜拉直后,再扭拧,控制通风。

③**开口控制** 经过松口后菌丝接触微量空气和空间的湿度及

光线,菌丝得到外界的锻炼。2~3天后把袋口薄膜撑开,待原基形成后把袋口薄膜反卷1~2厘米,使袋口扩大,让原基在袋口内接触空气和湿度,在小气候环境中发育分化成菇蕾。

各地在开口这道工序上方法不同,江西省部分产区采取割除袋口多余薄膜,操作时用小刀沿扎口绳,将袋口部分薄膜割掉。这种割膜方法,袋口菌丝体暴露空间,有利接触空气、光照和湿度,促进菌丝扭结,原基形成。但由于菌丝由裹袋到暴露,适应性差,管理上稍有失控,容易造成菌丝干枯萎缩,影响原基形成。因此采用割膜工序的应强调"三忌"。一忌雨天和大风。雨天空气湿度大,不利菌袋口黄水挥发,容易造成杂菌污染;刮大风时,菌袋口容易被风吹干,造成袋口菌丝失水,难以形成菌膜。二忌高温。气温超过25℃时,不利于菌丝向生殖生长过渡。常因割口气温高,造成原基难以形成。三忌乱抛污染袋。大量的菌袋总会有少量污染,必须予以清除。受污染的部分可切除或挖去,剩余部分可继续出菇。污染袋应及时隔离,集中另作处理。

6. 催蕾技术

(1)菌丝转色特征 茶薪菇菌袋开口后,菌丝体接触空间湿度、光线、氧气,菌丝表面出现点点细水珠,并分泌色素,使菌袋表面菌丝发生褐变,袋口周围表面的菌丝,形成一层很薄的菌膜。它对保护袋内菌丝生长,使原基形成不受光照的抑制危害,防止菌袋水分蒸发,提高对不良环境的抵御能力和抗震动能力,保护菌袋和不受杂菌污染,促使原基顺利形成,都起着非常重要的作用。没有菌皮,菌袋就会失去调温保湿的作用。

茶薪菇菌丝转色,在初始表面仅现黄褐色或浅褐棕色的斑点。茶薪菇第一潮菇长出时,菌丝仍然是浓白色,只有局部出现褐色斑点。采完一、二潮菇后,表面出现一层褐色菌圈,正常的菌袋菌丝是白色。随着采菇潮数增加或受虫害侵袭,2~3个月之后基质有所变硬,部分出现棕褐色花斑。虫害为害严重的菌筒,全部变成棕褐色。

(2)控温配合变温 开口后 1～3 天,保持室内温度 20℃～25℃,空气相对湿度 80%～85%。如果温度超过 25℃,可用电扇和排风扇排气降温,或疏袋散热。每天打开门窗通风换气 30 分钟。茶薪菇属不严格的变温结实性菇类,没有昼夜温差刺激也能正常出菇。但温差刺激,有利于菌丝从营养生长转为生殖生长,促进菇蕾的形成。因此拉大温差,配合调控干湿度,是茶薪菇栽培中的有效催蕾措施。人为变温是采取白天关闭菇房门窗,晚上 10 时后打开窗户,使昼夜温差拉大到 8℃～10℃,直到菌袋表面出现白色粒状物,说明已经诱发原基,并将分化成菇蕾。

(3)制造阶段性湿差 菌袋开口后第一次喷雾化水于空间和袋面,以袋内薄膜旁呈现一圈水分,而不覆盖菌丝体为适。因为开口后菌丝代谢加快,吸水性强,很快被吸收,然后加强通风,使表层菌丝形成稍干状况,连续 3～4 天干湿差刺激后,菌丝体相互交织,扭结成原基,进而分化成菇蕾。注意的是开口后,每天保持喷水 1 次,空气相对湿度不低于 85%,防止袋内表层菌丝体失水而干枯,菌膜无法形成,原基也就不出现。随着原基分化需要,以后每天喷水 2～3 次,空气相对湿度保持 90%～95%。

(4)更新菇房空气 催蕾阶段菌丝体呼吸旺盛,二氧化碳排出量增加,此时必须加强通风换气。同时注意保持菇棚内较高的空气相对湿度,使水、气、温都能满足菇蕾分化生长的需要。气温高时早晚通风,并在窗上挂遮阳网或草帘;气温低时白天开南窗,晚上关窗,减少菇房的通风量。如遇阴雨天气,南北窗均应全部打开,增加房棚内的氧气和提高空气相对湿度。

(5)间隙光照刺激 菌丝遇到光照,就会相互交织,扭结成白色粒状原基。因此开袋后适度引进光线刺激,是一种催蕾措施。操作时野外菇棚可拨开棚顶的遮阴物,室内菇房打开门窗,让散射光线透过房棚内。处理 3～5 天后,菌袋表面出现白色晶粒,并伴随水珠出现,再过 3～4 天菌袋面上会出现密集的原基。催蕾期引进散射光照度 300 勒,以在棚房内能阅读报纸即可。如果光线过强或直接照射到菌丝体,但保湿工作没跟上时,会造成菌丝干燥,表层不结膜,原基不能形成。

(6)异常现象排除 在催蕾阶段,由于菌袋接种偏晚,或气候条件的限制,或管理上的失误,或品种差异等原因,会造成菇蕾不正常现象发生。有的原基形成后不分化成菇蕾,因气温偏高,光照太强,气候过于干燥,原基枯萎和消失。因此,原基形成前,如果气温偏高,昼夜温差也小,就不要急于人为拉大温差。否则,即使形成原基,最终也会消失,无效地消耗大量营养,影响以后的产量。若遇此情况,应耐心等待时机,密切注意天气预报。当日平均气温降至 16℃左右时,立即采用各种刺激办法,进一步拉大昼夜温差和干湿差,保持 3～5 天后,原基即可形成。在气温回升时,要充分利用夜间的低温,并在菇房内壁和地面上泼浇井水或其他凉水,控制温度在 20℃以下,保持空气新鲜。这样就可以顺利形成原基,并分化为菇蕾。

(十)出菇规范化管理关键技术

1. 自然气候出菇管理

茶薪菇子实体生长阶段管理重点是人为控制温度、湿度、空气、光照,以满足其生长发育的要求,达到高产优质。

(1)严格控制温标 子实体发育的温度视品种温型而定,常用的中高温型的菌株子实体发育温区为 10℃～30℃,其中在 20℃～25℃这个温区,子实体发育最好。气温低于 8℃时,子实体无法形成;10℃～15℃时长速慢,菇肉厚,品质优,但产量低;25℃～28℃

时,发育快,出菇快,菇肉薄,质量差;气温超过 30℃ 时,原基难以形成菇蕾,易死菇烂袋。因此,在子实体生长发育期,应掌握好"两个温标"。

①**最适温标** 长菇期最适温度为 20℃～25℃。这其中还要掌握菇体生长不同时期的最适温度,当袋内形成似油菜籽大小的原基,并发育到火柴梗一样的幼菇时,给予 22℃～25℃ 使其发育稍快;1～2 天后宜控制在 20℃～23℃,使其长速适中,菌盖肥厚,菌柄中粗;12～15 天可调高 2℃,促使发育健壮,形成优质菇。

②**极限温标** 长菇期温度最低不可低于 8℃,若遇冬季连续几天 0℃ 以下低温情况,子实体易受冻伤,因此应做好加温防冻措施。春季北方日光温室最高不超过 25℃,遇超温时,菇棚上方遮阴,加强通风排湿,晚上还得防止与白天的温差过大,以免影响子实体正常生长。

(2)注意湿度极限 茶薪菇出菇阶段要求空气相对湿度为 90%～95%。出菇时子实体一方面从基质中吸收大量的水分,另一方面从空气中吸收水分,以维持正常生长发育要求。因此长菇期以保湿增湿为主。如菌袋失水过多,则应采取喷水让菌袋吸收,或注射或浸水等方式给菌袋补水。在管理上注意控制"两个极限"指标。

一是空气相对湿度不低于 75%。湿度偏低,菌盖表面粗糙,长时间干燥时,菌盖表面易裂。为此长菇期每天要喷水 1～2 次,气候干燥,菇棚内摆袋量大,水分需求量增加,每天要喷水 2～3 次,以达到菇棚内湿润环境;

二是空气相对湿度不超过 95%。现有喷水大多数是在菇棚内建水池,用压力水泵喷头喷水。喷水量较大,容易造成湿度超标;加上喷水后没大量通风,棚内缺氧,易造成子实体霉烂。因此,要注意控制喷水量,同时加大通风量,使空气对流形成良好湿润环境,使子实体发育正常。

(3)保持空气新鲜 茶薪菇属好气性真菌,菌丝恢复生长和子实体发育阶段新陈代谢,需要吸收充足的氧气,并呼出二氧化碳。子实体在生发育时,呼吸作用加快,每袋菇每小时排出二氧化碳 0.1~0.5 克。当空气中的二氧化碳浓度过大时,就会抑制原基的分化和子实体的发育。但在生产上,也可利用这一特性,像金针菇栽培那样,获得菌柄粗长的产品。为此,在通风方面要求掌握好两点。

①**掌握通风时间** 通风可使菇房内的空气状态接近外界空气,同时开动房内排气扇,使有害气体排出房外。秋末长菇期气温高时,采取早晚或夜间通风;冬季和早春气温低,宜在中午通风,使菇棚内保持空气新鲜。长菇阶段菇房内二氧化碳浓度最高不得超过 0.1%。

②**通风保温两兼顾** 冬季气温低,通风后外界冷空气进入,降低了房内温、湿度,两者形成矛盾。长菇期菇房温度要求不低于 8℃,调节办法:在低温季节通风要在中午进行,早晚气温低不宜通风。同时,通风还要与保温协调好,防止顾此失彼。日光温室菇房面侧塑料膜要经常掀起,后墙通风窗口要常开,使棚房内氧气正常。

(4)合理调节光照 在原基分化子实体生长,最适合的光照度为 300~500 勒,以棚内能阅读报纸为适。光照不足时生长慢,菇体薄,色泽深;但光照太强,长菇慢,菌盖干亮,产量少。调节光源主要是菇棚通风窗打开,让光线透进,上方遮阴物调节稀疏透光。

(5)配合多项刺激 采用温差、干湿、光暗和震动等刺激,是菌丝生长转向原基分化,形成菇蕾的重要条件。出菇可用冷水刺激和震动刺激。冷水处理不是菌袋补水,而是利用低水温刺激菌袋。覆土、搬运菌袋或击拍菌袋,这些带有震动性的操作对菌丝体可起到机械刺激,有利于原基形成。

2. 秋冬菇管理技术

秋冬菇是春栽产菇的旺盛期,管理技术需掌握四个要点。

(1)保温通风增氧 秋季气温由高到低,中秋后气温渐凉,秋菇正处于菌袋养分和水分充足、自然气温较适宜时期。因此第一、第二、第三潮菇体态健壮,品质较好,不少菇农秋季就收回了生产成本。在秋菇管理上要注意到保温,还可以利用自然温差刺激,使转潮快,同时加强通风增氧,促进多产优质菇。后期气温较冷,进入冬季,主要做好加温、保温和保湿,并注意通风增氧。当气温降至 23℃ 左右时,每天早、中、晚应各通风一次。当气温降至 20℃ 时,每天早晚各通风一次。当气温降至 18℃ 以下时,每天通风一次,每次通风约 30 分钟,尽可能维持菇棚内空气相对湿度在90%,避免菌丝体失水。

(2)灵活掌握增湿 每一潮菇采收后,要及时清理菇场,剔除残留在菌袋上的菇脚,挖除老根和死蕾,防止菇脚霉烂引起杂菌侵入。采后停止喷水,增加通风换气次数,延长通风时间,降低菌袋表面菌丝湿度,使菌丝迅速恢复生长,并储蓄营养。养菌 5~6 天后,当菌袋采菇后留下的凹陷处菌丝发白时,表明菌丝已恢复。此时,白天进行喷水提高湿度,晚上通风干燥,有意拉大温差和湿差,每天可喷水 1~3 次。喷水应灵活掌握。晴天、干燥天多喷水,雨天不喷,阴天少喷;菇体小时少喷,菇体大时多喷;地湿时少喷,地干时多喷;采菇前不喷。还要利用气温的周期性变化,抓住机遇,通过 3~5 天干湿交替,冷热刺激,促使原基和菇蕾形成。秋季自然气温有利长菇,只要喷水和通风配合好,一个月可收二潮菇。10月末至 11 月份,此时,南方自然气温一般 18℃ 左右,菇棚内保持在 20℃ 以上时有利子实体生长发育。秋高气燥,空气相对湿度低,且因菌袋经长完一、二潮菇后,有所失重,因此需要加强喷水保湿,防止菌袋失水。

(3)补充袋内水分 秋冬菇一般可收 4～5 潮。第三潮菇的形成,因气候变化,应以保温、保湿为主,养菌复壮。根据秋冬出菇情况及菌袋长菇后的重量情况,给菌袋注水或浸水,增加菌袋的含水量,使菌丝复壮。也可加大喷水量,让袋内积水 1～2 厘米,8～12 小时后把水倒出,让菌袋晾 3～4 天,促使继续长菇。同时,浸水有利于杀灭线虫。如果冬末保温好,措施跟上,可采收 1～2 潮菇,越冬后至翌年春季继续出菇。

(4)防止霉菌烂蕾 秋冬长菇管理中,还应注意防治杂菌感染。采菇后菌丝处于恢复生长过程,抵抗杂菌的侵染能力差。绿霉和曲霉侵染,造成袋内菌丝体表面形成霉菌斑,影响出菇或菇蕾霉烂。因此,要及时检查发现,采用 5% 来苏儿溶液涂抹病斑处,然后挖除或切除。同时,加大通风量,降低湿度,让菌丝健壮生长,提高自身抗霉力,控制霉害蔓延。

3. 春夏菇管理技术

茶薪菇菌袋经过秋冬季长菇后,到翌年春季,养分和水分已降低,在管理技术方面与秋冬菇有差别,主要掌握以下四项措施。

(1)控温通风增氧 春季气温由低向高递升,春菇整个产量的比重与秋菇相等,其品质前期较好,后期稍差。春季空气湿润,雨量充沛,自然温度和湿度,适合茶薪菇子实体形成与发育。在管理上掌握好长菇最适温度条件的同时,特别注意控制湿度。春季雨水多,空气相对湿度较大,要加强通风换气,保持棚房内空气新鲜,防止霉菌侵染。

(2)遮阴微喷降温 春末夏初自然气温升高,应采用荫棚加厚遮阴物,创造一个"九阴一阳"的阴凉环境。菌袋越夏,气温超过 30℃时,可在菇棚四周开沟,引进活动水流畅,使棚内阴湿。每天午后向棚顶喷水,降低棚内温度。有条件的生产基地可在菇棚顶上安装喷灌系统,采用定时喷灌降温增湿。在水的压力下,通过微喷头使喷出的水形成细雾,在空气中飘移时间长,达到降温增湿的目的。据观察,外界气温在 35℃～38℃ 高温时,采取喷雾后棚内温度可降至 28℃～31℃,地表温度降至 25℃～29℃,平均降温可达 4℃～8℃。喷雾后要适当通风,有利于水分的汽化和散热,基本上能满足子实体生长对温、湿度的要求。但喷水要有节制,既要保持一定的水分,又不致终日过分潮湿。

(3)适时补充水分 长菇后菌袋减轻时,应及时浸水。但补水不宜过量,以免造成过湿、高温,引起菌丝死亡,杂菌孳生,菌袋解体。喷水和采收等管理工作,应在气温低的早晚进行。春菇可收获 4～5 潮,间隔时间为 10～15 天。

(4)菌袋安全度夏 夏季气温高,人为创造阴凉环境,保护菌袋安全度夏。同时,注意气象变化,争取利用暂短适宜气候。尤其是南方 8 月份前后台风期气温下降,空气相对湿度大,趁这机会管理好,盛夏可长出 1～2 潮菇,但产量低,品质较差。

4. 子实体生长管理技术日程

茶薪菇菌袋上架排场后至第一潮菇开采,一般 12～15 天时间。为了便于菇农在生产实践中更好掌握出菇管理技术,笔者认真观察菌袋上架至开口后第一潮菇采收,这段时间的管理技术,特列表 3-7 供对照。

菌袋上架排场开口后,调控适宜温度、湿度、气温、光照,一般 12～15 天第一潮菇开始采收。温度超过框定上限范围,子实体发育快,菇薄、品质差;如果超过框定下限温度时,则子实体形成时间慢 1～2 天,品质好,但产量低。而 20℃～25℃ 这个温区,是子实体正常生长发育的最佳温度范围。

表 3-7　茶薪菇子实体生长规范化管理技术日程表

菌袋进入长菇期（天）	生长发育表现	主要作业内容	生态控制			
			温度（℃）	湿度（%）	通风	光照
1～3	菌丝色泽浓白，料面出现零星黄褐色斑点	区别进棚袋况，分类摆袋上架，拉直袋口；开口前喷药灭害，1～2天后解开袋绳通气，喷水增湿	20～25	80～85	菇棚空气新鲜	散射光300勒
4～7	菌丝浓白，互相交织，密集茶籽粒状褐色原基	反卷袋口薄膜，增氧，喷水增湿，间隙光照，调袋震动刺激	22～25	85～90	早晚通风，加大排气	散射光200～300勒
8～11	原基分化成火柴梗似的幼菇	喷水增湿，观察温度，及时调控，加强通风，防止高温、过湿烂蕾	20～23	90～95	敞开门窗，空气流通	散射光300～500勒
12～15	菇蕾发育，菌盖半球状，柄伸长，子实体形成	喷水保湿，无积水，调节通风量，观察菇体长势，适期采收	22～25	90～95	保持空气新鲜	散射光300～500勒

5. 子实体转潮管理技术

茶薪菇袋栽,菌丝体不直接裸露于环境之中。菌袋内的小环境相对稳定,菌丝受到尚余部分袋膜的保护。各季产菇的潮次,因气候不同,转潮时间有别。秋季菌袋基质好,每月可采二潮菇,间隔 7～8 天;冬季气温低,子实体发育慢,间隔 10～13 天;春季气温虽适,但菌袋基质差,长菇量少,品质稍差,间距 5～6 天。在管理上,要区别采取相应措施。

(1)前潮菇管理 开口出菇的菌丝体,由菌袋包裹,基内含水量仍能继续被菌丝吸收。因此,前潮菇自然温度比较适宜长菇。但应调节湿度,一般采取空间喷雾,使水雾点落于袋内处;地面浇水,可增加空气相对湿度,以满足子实体生长。

(2)转潮期管理 转潮期必须满足菌丝、原基和子实体对生长条件的不同需求。在管理中针对当地、当季气候条件变化,加强对光照、温度、空气、湿度的调节,灵活掌握。采完每一潮菇后,清理菇根残留,停止喷水 6～8 天,加强通风换气,直到菌袋上菌根处发白时,再按照前述各季产菇的出菇管理方法进行。转潮期管理的重点是养菌,使菌丝恢复繁衍与积累养分,为下一菇潮的形成提供必需的物质基础,以促进下一潮菇的迅速生长。

(3)后潮菇管理 随着长菇潮次的增加,菌袋内的营养大量消耗,水分含量严重减少,菌丝活力渐弱。因此适时、适量给菌袋补充水分和养分,就成为茶薪菇末潮菇管理的重点。

6. 菌袋补水追肥措施

子实体采收 3～4 批后,菌袋内的营养大量消耗,菌丝活力渐弱,菌袋内的水分大量下降,子实体生长形成受到抑制,产量受到影响。为使菌丝尽快恢复营养生长,加速分解和积累养分,除延长养菌时间外,最有效的办法就是适时、适量给袋内补充水分和营养。

(1)补水方法 菌袋补水各产区方法不同。福建古田县菇农,多采用喷水至袋内蓄水1～2厘米,使袋内菌丝吸收,含水量不低于50％。江西遂川、广昌等地多采用浸水法和注水法。浸水法是将菌袋用8号铁丝在袋中央打2～3个洞,深为菌袋直径的1/2,然后将菌袋一层一层叠放入浸水沟或浸水池,再用木板压紧上层菌袋,用石块固定,不让菌袋浮起,然后灌进清水或将配制的营养液倒入,直至淹没菌袋为止。浸水以达到每次相应的重量标准为止。注水法是在菇棚设一个2米高的铁桶水塔,接上数根小塑料管,每根小管头上接一个钻有小孔的注水器,注水器垂直插入袋口,水就会通过小孔均匀地流灌进菌袋中。注水结束后,加强通风,沥干表面水分。

(2)追施营养液 茶薪菇采收多批后,养分逐渐消耗。可追施营养液,能增添细胞的渗透性,刺激原基形成,有效地促进菇柄茁壮生长,提高产量。

①**施用时期** 子实体采收5～6批后,菌袋停止喷水,让菌丝生息休养10～12天后,料面呈现干燥,菌丝进入生殖恢复阶段时进行施液为适。

②**营养液配置** 常用营养液有以下几种,可任选一种施用。

配方1:葡萄糖500克,尿素20克,磷酸二氧钾10克,清水100升。

配方2:白糖500克,农用氨基酸50克,清水100升。

配方3:维生素B$_1$1克、磷酸二氧钾30克,三十烷醇0.03克,清水100升。

配方4:高钙钾王(粉状、米黄色)或复合肥60克,清水100升。

配方5:尿素300克,硼酸50克,维生素B$_1$1克,大豆粉1千克(1千克大豆粉加水10升煮沸30～40分钟),清水100升。

还可选用菇类生长素。常见的有"菇宝乐"、"丰产素"、菇耳高能源等。生长素主要起促进酶的活性,使菌丝更好分解,吸收营养液,加速营养生长转向生殖生长。营养液用量按各种产品的说明书规定标准。

③**追施方法**　只有正确的施用方法,才能达到预期效果,反之会给生产带来损失。常用喷施方法:一是喷雾器朝向菌袋内,喷洒于袋内菌体表面,喷量以湿润即可;二是营养液浓度要按规定标准稀释,浓度过大、用量过度,都不利于菌丝萌发与长菇;三是施液前打开房棚门窗通风,让空气对流,施后按常规通风管理;四是营养液交替使用,使营养全面又合理。

④**注意事项**　喷施营养液还要掌握"五不喷"原则:出现幼小菇蕾不喷,刚采菇或菇残体处不喷,雨天空气湿度过大不喷,房棚内虫害发生时不喷,气温超过 23℃ 以上时不喷,因气温高菌丝难以形成优质子实体。

7. 长菇异常现象排除

(1)菇蕾枯萎　由于环境干燥,光线过强,使形成的菇蕾逐渐枯萎。因此在原基形成过程中,注意保湿、增氧和控光(光照度控制在 300 勒),避免空气干燥和二氧化碳浓度过大。

(2)畸形菇　畸形菇常因菌袋生理成熟,气温下降有利于子实体形成,但没有及时开袋,大批菇蕾迅速生长,因受袋膜限制而长成畸形。因此,在菌袋上架摆放时,应及时开口,保湿、增氧,每天通风换气,结合喷水调湿,保持空气相对湿度 90%～95%。促使菇体正常生长。

(3)菇小而密　菌袋生理成熟不足,昼夜温差大,或水刺激过重,或栽培后期营养耗尽,不能满足子实体正常生长发育的需求从而造成出菇小而密。因此,菌丝生理成熟后,温差刺激时间不宜太长,一般不超过 3～5 天。在长菇后期,给菌袋补充营养源,并延长转潮的养菌时间,使菌丝积累充足营养。同时,在浸水或注水处理上,以适可而止。

(4)侧生菇 袋料偏松,料与薄膜之间形成空隙,开口时进入大量空气,加上光照刺激,表面基质收缩,原基从袋旁出现,形成侧生菇;还有的因菌袋摆放处于光线偏暗位置,子实体从稍光方向侧生。避免侧生菇发生,要求装料紧实,摆袋时不宜过早开口,开口后注意菌袋调整上下里外位置,均衡光照度。

四、茶薪菇多样性高效栽培管理技术

随着茶薪菇生产的深入发展,各地菇农因地制宜开创了多种形式的栽培出菇管理技术。

(一)大袋两端长菇栽培技术

茶薪菇大面积生产,常用 15 厘米×30~33 厘米的栽培袋,单头开口长菇。江西省抚州市曾爱民、危贵茂(2006)研究采取 17~24 厘米×40~50 厘米的大袋,两端长菇,并结合覆土方式进行栽培,省工、省料,长菇期长,产量高,取得了很好的经济效益。下面介绍其具体操作方法。

1. 季节选择

大袋栽培法,菌袋接种宜选择在冬季或秋末冬初进行。在此期间人为创造菌丝生长发育所需要的温度条件,使其安全过冬养菌。经冬季和早春养菌至菌丝长满全袋后,待春季气温回升适宜出菇时,即可进行催蕾出菇管理。这样长菇期长,基本上当季可出完菇。另外,冬季栽培杂菌污染率低,且此时农村处于冬闲,更有利于茶薪菇大袋栽培的规模化。

具体时间安排:长江以南地区,可在气温不是最低的 11~12 月份进行,这样抢温接种,有利于菌丝萌发,及时占领料面,减少杂菌污染;长江以北地区,可提前到 10~11 月份进行,防止气候寒冷,菌丝难以萌发。

2. 装袋灭菌

培养基配制按常规,因地制宜选用配方,进行混合搅拌均匀,含水量以 60％为适。装袋时先将塑料袋一端用线绳扎紧,再将配制好的培养料装入袋内,边装边压边振动,使料松紧度适宜。装满袋后将另一端也用线绳扎紧,每袋湿料 3 千克左右。装袋后及时灭菌,由于大袋装料多,高压灭菌相对比常规适当延长 1～2 小时,即采用 147 千帕的压力、128℃的温度,灭菌 4～5 小时;常压灭菌要求在 5 小时内升温至 100℃,并保持 24 小时,这样才能达到灭菌彻底的目的。

3. 冷却接种

当袋温冷却至 28℃以下时,以无菌操作方式抢温接种。先将两端袋口打开,用消毒过的锥形木棒在料面上钻接种穴,穴口直径 2 厘米左右、穴深 3～5 厘米,两端各 2～4 穴。接种时应尽量接满穴口,有利于菌丝尽快占领料面,减少杂菌污染。接菌后两端再上加套颈圈。套时以左手握捏菌袋口成束状,右手套上颈圈;将袋口向下翻卷于颈圈外侧,再以左手拇、食指摁住颈圈,右手食指沿颈圈内侧顺时针方向旋转;再将塑料袋向颈圈内侧贴靠压实。然后将消毒棉塞塞于颈圈内。

4. 保温养菌

将接种后的菌袋,搬入培养室进行排场堆叠,菌垛堆高 6～8 层,覆膜。菌袋培养 15～20 天后,接种口菌丝向四周蔓延,布满料面,此时进行翻堆检查。养菌期间若遇霜冷天气,培养室须加温,以促进菌丝正常生长。如若是野外栽培,要采取增温保温措施,可在白天将大棚遮阳物揭去,加强光照提高菇棚内温度;晚上在棚膜上加盖草苫保温。注意通风换气,防止二氧化碳积累过多,造成菌丝发育不良。冬季养菌由于气温低,培养时间长达 3～4 个月,营养积累丰富,出菇质量好,产量较高。

5. 两端出菇

"惊蛰"前后,气温回升时,可将生理成熟的菌袋进行两头开口(或割膜)转色催蕾;同时注意通风、控温、保湿协调进行。在出菇阶段,水分以轻喷、勤喷雾化水,维持空气相对湿度 90%～95%。天气潮湿时减少喷水次数。转潮阶段,相对湿度要适当降低,停止喷水数日,让菌丝恢复生长。

6. 续菇管理

两头出菇的菌袋,长菇采收 2～3 潮后,袋内菌筒失水严重,可采取脱袋进行覆土栽培。覆土既可减少袋内水分散失,又便于灌水施肥,利于菌丝体缓慢吸收营养、水分,增强后劲,创造后期生殖生长良好的生态条件,促使后续菇良好生长。覆土方式有两种:一是菌墙式覆土,二是坑畦式覆土。后者具体操作方法:将长过 2～3 潮菇后的菌袋脱去袋膜,取出菌筒,切成两段;把菌筒切断面朝外,平卧摆放两排于畦床上,每排菌筒留间隙 3～5 厘米;然后用肥土填充间隙,表面覆盖 1～2 厘米厚的肥土;覆土后立即喷水,调整土粒水分,保持覆土层湿润;连续调水 3 天,采取轻喷勤灌,不可一次喷水太多,同时注意通风换气,促使菌丝扭结成原基;菇蕾形成后适度喷出菇水,保持空气相对湿度为 90%～95%,使子实体正常生长。覆土出菇期可持续 2～4 个月,出菇时间可至 7 月份小暑期间,再收 3～4 潮菇。

大袋装料,冬季保温发菌,菌袋成品率高,菌丝生长健壮。早春即可开始催菇管理,出菇 2～3 潮后,结合覆土栽培,出菇时间明显延长。由于出菇时间早,当季菌袋就可以出完菇,不需再经越夏处理。此种栽培模式经推广后,受到广大种菇户的欢迎。

(二)夏冬季配套周年制长菇技术

在自然条件下,茶薪菇产季一般是春季 3~6 月份和秋季 9~11 月份,这两季栽培出菇。这两个时段自然的温度、湿度较适宜,管理容易。冬季气温低,长菇量少,甚至不长菇;而菌袋越冬消耗养分、水分,需到翌年春季,气温回升时才能出菇;夏季气温高,不适长菇,菌袋越夏消耗养分和水分,到秋季气候凉爽时才长菇。这样,越夏、越冬时间长,菌袋营养损耗大,又浪费生产设施和资源的利用。而夏、冬季茶薪菇货源紧缺,市场销路畅通,价格好。特别是鲜品,成为抢手货,价格高,经济效益成倍增加。因此,在冬季和夏季选择气候适应的区域,创造与茶薪菇子实体自然生长相类似的环境条件,进行反季节栽培出菇,形成春夏秋冬周年生产的格局,是提高茶薪菇生产经济效益的一项有效措施。

1. 夏季栽培技术

(1)产地条件 夏季气温高,茶薪菇子实体生长处于休停状态,为此夏季栽培管理上称为反季节生产。夏季产菇的区域条件,在南方各地应选择海拔 800 米以上的山区,在北方各地以 6~8 月份平均气温不超过 30℃的地区适合生产。要在夏季出菇,其菌袋生产一般安排 3~4 月份,养菌 2 个月后进入夏季长菇。

实施夏季长菇的栽培场地,应选择依山傍水、通风良好、水源充足、太阳照射时间短、无西照的林荫地,搭建塑料荫棚,或利用人防地道。野外荫棚要加厚遮盖物,棚旁种瓜豆蔓藤作物,以利于隔热;并开好棚旁围沟,引入流动水,棚顶安装微喷,创造阴凉环境。

(2)配套菌株 选择抗逆力强、中高温型的优良菌株,如丰茶

1号、闽茶1号、赣茶2号等,菌丝生长适温广,子实体原基在25℃～30℃条件下也能分化生长。除选择优质菌种外,还需适当加大接种量,特别是料面要尽量多放菌种,使菌丝尽快生长,占领料层表面,减少杂菌侵染机会。

(3)培养料配制 棉籽壳应选择籽壳多、纤维少、疏松柔软的;木屑应适当增加粗木屑的含量,以提高培养料的透气性。培养料的含水量宜小不宜大,最好控制在55%左右。适当减少麦麸、玉米粉、饼肥及糖的用量。培养料装袋要松一些,不宜太紧。因菌丝生长时,会增高袋温,袋料疏松一些有利于散发热量。装袋后要立即灭菌,防止因在天热条件下放置时间长,培养料容易酸败。接种时间应安排在午夜气温较低,杂菌活动较弱的时间进行,防止接种操作过程受杂菌污染。

(4)发菌培养 春接种夏长菇,气温由低到高,发菌期管理的重点和难点,是防止温度过高,造成菌丝生长不良。室内发菌堆码不宜太高,堆与堆之间不能太挤,菌袋要疏散排列,以防袋温上升过快,热量不易散发,引起烧菌。白天要关好门窗,外用遮阳网或草帘遮阴,防止室外热气进入室内。夜晚打开门窗,进行降温。气温超过30℃时,应开动电扇或排风扇强行降温。野外荫棚,加厚加密遮阳物或遮阳网,使之阴凉通风,清洁干燥,光线暗淡。如遇高温可在外界草帘上浇水降温。在菌袋发菌到1/2～2/3时,选择阴凉天气,分别刺2～5个微孔,使菌丝增氧复壮。避免堆温、菌温过高。

(5)出菇控温 南方高海拔山区或是北方夏季无高温地区,在夏季都会偶然有气温超过35℃时段,同时在菌丝催蕾时期,菌丝新陈代谢加强,放出大量的热,使室温、堆温升高。一般菌温、堆温比室温会高5℃以上,极易造成高温烧菌,菌丝变弱,产量大减,因此,夏季长菇控温采取以下四项措施。

①开袋催蕾观气象 夏季开袋催蕾必须关注中长期的气象预

报,选择连续阴凉、下雨天气前开袋,并采用地面多层架直立排袋出菇。同时加强通风换气,野外荫棚加厚遮阴物,创造一个"九阴一阳"的阴凉环境。每天午后高温阶段向棚顶喷水。最好是菇棚安装喷灌系统,采用雾灌降温,在供水压力下,通过微喷头使喷出的水形成细雾,使其在空气中飘移时间增长,达到降温的目的。

②**利用地表温差** 棚内喷雾后温度可降至28℃,利用地表温差,自然可降至26℃。喷雾后适当通风,有利于水分的汽化散热,平均降温可达4℃～8℃,基本上可满足子实体生长对温、湿度的要求。

③**保持适宜水分** 喷水要有节制,既要保持一定的水分,又不致终日过分潮湿。长菇后菌袋重量减轻时,应及时浸水。但补水不宜过量,否则造成的高湿高温,会引起菌丝死亡、杂菌孳生、菌袋解体。

④**保持空气新鲜** 夏季野外荫棚空气清新,氧气充足,只要棚内温度掌握在26℃左右,子实体就会迅速生长。如果管理得当,照常可获得较好的收成。

2. 冬季栽培技术

冬季天寒地冻,茶薪菇子实体生长困难,基本处于停产。但冬季又是元旦、圣诞、春节"三大节日"以及民间庆喜宴席旺季,茶薪菇消费量大,形成供求不平衡,菇价也高,是栽培效益好的黄金时段。因此积极发展冬季生长茶薪菇成为一个亮点,具体技术措施如下。

(1)产地条件 冬季生产茶薪菇宜在低海拔、冬季无0℃的平原地区。茶薪菇子实体低于10℃,原基分化子实体困难。因此,冬季栽培场地要选择背风向阳地方,室内菇房要暖和,保温性能好。野外栽培利用保护设施的冬暖型塑料大棚、小拱棚等,充分利用阳光作能源,棚内温度会比室外高5℃～10℃,基本上能满足长菇的温度要求。

(2)配套菌株 选择中低温型耐寒性强、适应性好的菌株,如AS-1、AS·2、AS·b 等,耐低温,抗性强,产量高。

(3)菌袋制作 冬季栽培的菌袋,应安排在 9～10 月进行制袋接种。培养料应选择棉籽壳富含纤维素、氮素较丰富的为原料,适当增加细木屑的含量;辅料麦麸可比常规增加 3％,使养分充足,有利于菌丝生长。袋料含水量掌握 60％左右,装袋要紧实,在菌丝生长发育时,可以增高袋内的温度。

培养料灭菌时常因气候寒冷温度难上升,灭菌不彻底,导致菌袋成品率低。因此冬季采用高压灭菌时,一般要比常规延长 1 小时;常压灭菌时间要比平常延长 2～3 小时,才能达到彻底灭菌的目的。灭菌后当袋温降至 28℃以下时,进行抢温接种。

(4)发菌培养 冬季菌袋采取密集码垛,用薄膜覆盖,门窗密封,达到保温发菌。菌袋接种后 15～20 天,接种口菌丝向四周蔓延,覆盖料面。此时应进行翻堆检查,将菌袋排场堆叠,菌堆可堆紧些,并用薄膜覆盖保温。养菌期间若气温低于 15℃时培养室应加温,以促进菌丝生长。菌丝生长过程,吸收氧气、放出二氧化碳,并释放热量,使堆温、料温升高。一般堆温、料温比室温高 3℃～8℃。因此,冬季养菌,在菌丝封口后,应及时解带增氧,加快菌丝生长速度。当菌丝生长至 1/2 菌袋时,适当拉开袋口,以增强呼吸,加快新陈代谢。低温期加温时,应注意室内通风换气,防止二氧化碳聚集沉积,伤害菌丝。野外保护设施养菌的,白天可将菇棚遮阳物揭去,使棚膜吸收太阳热能,提高菇棚内温度;晚上则要在薄膜上加盖草苫保温。

(5)出菇管理 冬季长菇要求人为创造一种近似秋季自然条件的环境,利用保护设施或加温措施,增温保湿。将秋末制袋接种的、菌丝已长满料袋的菌袋,进行催蕾出菇管理。主要利用冬暖塑料大棚设施,不需加温,就会比室外高 8℃～12℃,且保温性能好,晴天中午开门通风换气。也可通过人工加温,控制在 16℃～23℃。在冬季菇房旁边开设火炕燃烧口,房内用砖砌或用铁皮制成烟道,通过火炕烧火,增加室温。同时采取塑料薄膜罩住菇房四周及顶部,以提高保温性能。此外注意开设排气窗或通风口,及时排除废气。冬季升温培养时,水分容易蒸发,应经常在地面和四周喷水保湿,保持房棚内湿度不低于 80%,做到保温保湿和通风换气协调进行,促使寒冬照常长菇。

(三)防空洞反季节长菇管理技术

我国南北方各地有许多防空洞、地下室等人防设施,利用这些人防设施发展反季节栽培茶薪菇,不仅可以填补夏季货源紧缺,而且还可以充分利用防空洞冬暖夏凉的优势,降低成本,提高经济效益,是一项可开发的项目。

1. 防空洞夏季环境

我国南北方各地防空洞有多种条件,南方开山建洞,北方多设在距地面 3～10 米以下。洞内形状有单巷通道式和回廊式,其温度波幅较少受外界自然气温的影响。在北方防空洞内常年保持18℃～23℃,此温区较适合茶薪菇子实体生长发育。防空洞最好是南北走向一巷道,设两个出口,洞内壁及洞顶均为水泥磨光面,坚固防水,洞长 100 米、宽 1.8～2 米。由于洞内外气温差,洞内比较潮湿,空气相对湿度为 95%;而通风后地面热空气进入洞内,遇冷产生湿气,会使空气湿度增加,所以夏季防空洞内的环境,比较适合茶薪菇长菇。

2. 生产季节安排

茶薪菇菌袋培养需要 2 个月,长菇期长达 8～9 个月,也就是一次接种,周年长菇。防空洞栽培季节安排,应发挥夏季环境条件的优势,多产菇,抢占市场缺货期,卖个好价钱。为此应以 4 月份"清明"开始接种菌袋,6～9 月份进入长菇高峰期。

3. 菌袋接种培养

防空洞栽培茶薪菇的培养基配方与制作按常规操作,栽培袋用 15 厘米×33 厘米折角袋,接种后的菌袋培养,应采取以下特殊措施。

①重点排湿防潮 防空洞内一般比较潮湿,养菌期间重点加强通风排湿,降低洞内湿度,并在地面上撒石灰吸湿。

②摆袋罩膜间隔 菌袋排放采取单向,再用薄膜围罩,使菌袋与洞壁和走道隔离,人为创造干燥环境。

③加温发菌培养 茶薪菇菌丝在 18℃～23℃生长比较旺盛,但长速较慢,而 25℃最适。因此,接种后的菌袋在防空洞内培养时,要采取洞内加温或菌袋罩膜使温度达 25℃,让菌丝正常发育,培养 50～60 天菌丝生理成熟。这样,产菇期才能赶得上夏季。如果仅靠洞内自然温度培养,生理成熟的时间要推迟 10～15 天,就会影响长菇上市的时间。

④控光通风换气 菌袋培养期间不宜日夜开灯,而在翻袋检查需要开灯,作业完毕应及时关灯,黑暗环境菌丝照常生长。但强调每天要通风换气,使洞内外空气交流,通风时揭膜,使菌袋接触新鲜空气。

4. 出菇管理措施

菌袋生理成熟后,进入子实体生长,防空洞内长菇的温度,凭借自然不需调控,但要掌握好以下几点特殊技术措施。

①**清场叠袋** 在防空洞内作为出菇的间室,首先打扫干净,并用石灰消毒。菌袋摆放采取两旁叠墙,中间留作业道,叠成高7～8袋,袋口向外。

②**开口增氧** 将袋头扎绳解散,如是棉塞套环的,应去掉,然后松开袋口2～3小时后,再把薄膜合拢,扭拧一下,造成袋膜小量通风。待原基形成后,把袋口开大,以利于长菇。

③**控湿通风** 解口后空间喷雾,让雾状水落于袋面,使雾气透进袋口内。当原基形成后袋口开大,随着洞内的通风,自然湿度也开始增大,不必喷水,以防过湿烂菇。空气相对湿度掌握90%左右,超标时应采取通风降湿,每天通风2～3次,每次2小时,最好早晚进行作业。形成干湿刺激、温差刺激,促进原基发生。

④**适度光照** 在洞的顶端每隔10米左右,安装一盏15瓦白炽灯,长菇阶段可以整天开灯照射,光照度500～800勒均可。

(四)淘汰砖瓦窑转产茶薪菇技术

随着实施"保护耕地,保护生态环境,节约能源,发展循环经济"策略的深入,全国各地开展对实心黏土砖窑厂进行整顿治理。山东省夏津县关闭了城区8处黏土砖瓦窑。该县蔬菜局王德明2008年通过调研和试验,利用这些被废弃砖瓦窑进行每座窑栽培茶薪菇2万～2.5万袋,获得显著的经济效益,现有数十户从事此项生产。

1. 窑洞选择

适栽茶薪菇的废弃窑洞要求墙体厚3.5米,冬暖夏凉,阴湿,洞内气温保持在20℃左右,环境受外界影响小。出砖口和冒烟口可作空气流通。选择时注意窑洞建筑结构牢固,通风条件良好,无死角。要在窑洞口安装排气扇,以利通风换气。

2. 栽培方式

采用 14～17 厘米×34～38 厘米低压聚乙烯塑料袋,采取单层直立排袋方式栽培或卧式叠袋墙式栽培均可。菌袋 7 月份接种,发菌 50 天,9 月份出菇至翌年 6 月份结束。

3. 菌袋制作

培养基配方:棉籽壳 74%,麦麸 24%,白糖 1%,轻质碳酸钙 1%。加水拌匀,培养料的含水量控制在 64%～66%,pH 7～7.5。配好培养料,装入塑料袋,一般每袋约装干料 350 克,湿重近 800 克。常压蒸汽灭菌,冷却后在无菌室中接入茶薪菇菌种。

4. 发菌培养

砖瓦窑内较为潮湿,不适合发菌培养,因此接种后的菌袋必须搬入干燥的培养室进行发菌。摆袋前要对空间消毒一次,室温控制在 23℃～27℃,空气相对湿度控制在 70% 以下。在培养过程中,由于菌丝的新陈代谢,室温和菌温会逐渐升高,室内氧气被大量消耗,这时要特别注意通风换气,并通过翻堆调节堆温,疏袋散热,并遮光降低温度。

5. 出菇管理

菌袋生理成熟后,8 月下旬至 9 月上旬搬进窑洞内进行出菇管理。砖瓦窑洞内冬暖夏凉,9 月份出菇阶段洞内温度一般 20℃ 以上,正适合茶薪菇子实体生长。10 月份以后进入寒季,窑洞内保持温度 18℃ 以上,可达到茶薪菇子实体生长下限温度范围(不低 12℃),仍然能长菇。

在出菇期,由于洞内保湿。因此喷水要选择上午9时进行,并开启窑门让空气交换。喷水应根据菇体不同生长期和洞内湿度变化,灵活掌握喷量,避免过湿引起霉菌污染和烂菇。光照靠洞口和烟囱口自然散射微量光即可,荡长菇须多。长菇期需要一定氧气,结合采菇每日打开窑门2次,并开启排气扇通风换气;平时窑洞口排气扇常开,促使洞时空气交换,有利于子实体正常生长。

(五)太阳能温床培养茶薪菇技术

北方自然气温低,进入寒季茶薪菇无法长菇,这时可以采用太阳能温床方式进行培育茶薪菇。太阳能温床是在阳畦上增设太阳能集热炕,通过地下输送热道为温床提供的太阳能辐射也可提供热能,可满足茶薪菇生长发育的要求。

1. 温床建造

选择背风向阳、南侧无遮阳物处建造温床,东西向长9~12米、宽2米。太阳能集热炕设在阳畦东或西侧2米处,以防太阳光被遮挡。太阳能集热炕口面呈圆形,上口直径3米、深1.3米,炕底呈锅底形。用掺有5%~10%烟黑的三七灰土夯实,厚6厘米。用竹片或直径6毫米钢筋做成半球形穹架,再用10号铅丝扎成环形骨架,穹架上铺无色透明薄膜,薄膜外用100毫米×100毫米尼龙网,并加以固定。

集热炕与温床用地下输送道相连,然后送入温床地下迂回道。迂回道上铺秸秆或树皮,再用麦秆铺6厘米厚,上覆盖薄膜,形成温床摆袋菇床。排气囱设在温床的另一端,内径12厘米×12厘米、高2米。暖气经地下迂回道,最后由排气囱排出,新的暖气又从集热炕补充,可循环供热。阴天或雨天用草帘盖在温床拱顶上,关闭排气囱及集热炕的进气孔,利用余热可保温5~6天。

　　温床的墙高 50 厘米,用竹片搭架,上罩双层蓝色透明薄膜,东、西山墙各留 40 厘米×20 厘米的通气孔,定时开启通风换气。薄膜拱顶的侧面开设小窗,便于喷水或观察温度及长菇状况。太阳能温床结构见图 4-1。

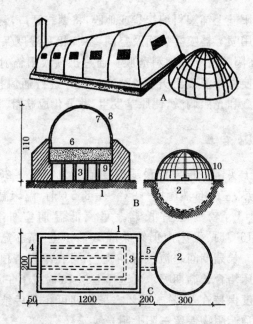

图 4-1　太阳能温床示意图 （单位:厘米）

1,3. 阳畦　2. 太阳能集热炕　4. 迂回输热道　5. 输热道

6. 温床　7,8. 拱膜　9. 畦壁

A. 透视图　B. 剖面图　C. 平面图

2. 生产季节

　　利用太阳能温床培育茶薪菇主要在寒季,一般当地自然气温低于茶薪菇子实体发育下限温度 10℃ 的地区,以此为界限,提前

60 天进行菌袋培养。当菌丝生理成熟后将菌袋搬进太阳能温床摆放于阳畦上。

3. 开口诱蕾

事先在阳畦上铺塑料编织袋或地膜,将菌袋开口,逐袋立放于畦床上。并用喷雾器喷雾袋面及空间,空气相对湿度保持在 85% 左右,然后在阳畦上罩好塑料薄膜。通过拱顶太阳辐射的热源和地上输热道使温床温度上升至 12℃以上,并进行通风换气,形成自然温差刺激和光照刺激,使原基发生,并分化成菇蕾。

4. 长菇管理

茶薪菇子实体生长发育最适温度范围为 15℃~28℃。太阳能集热炕供热,室外自然温度−9℃~−8.5℃时,温床温度可上升至 19℃~21℃,较为适宜长菇。寒流低温期室外自然气温−14℃~−13℃时,温床内仍然保持 15℃以上,茶薪菇子实体照常生长发育。长菇期间寒流低温期晚上,可在薄膜搭顶上加盖草帘防寒。温床培育长菇期喷水可选择上午 10 时或下午 3 时进行,空气相对湿度保持在 90%~95%。采收期可在采后结合通风喷水保湿。拱顶遮阴物保留三阳七阴光线。

(六)液体菌种栽培茶薪菇技术

茶薪菇生产现行主要采用固体菌种接种培养长菇。天津市王金枝等 2008 年研究采用液体菌种接种栽培茶薪菇获得理想产量。下面介绍具体操作方法。

1. 液体菌种制作

采用简易摇瓶法培养液体菌种。

(1)培养基配制 取削皮去芽眼的马铃薯 12 千克切成金橘大小菱形块,加入新鲜菇根 3 千克,水 60 升,煮沸计时 30 分钟,用 6 层医用纱布过滤。在过滤液中加入蔗糖 1.2 千克、磷酸二氢钾 72 克、硫酸镁 48 克、蛋白胨 48 克、维生素 B_1 240 毫克,完全溶解后定溶为 60 升。再分装入 2 000 毫升平底烧瓶中,每瓶装 1 500 毫升并加 10～15 个玻璃珠,棉花塞口,用牛皮纸或双层旧报纸包好瓶口,橡皮筋扎紧。然后高压灭菌,0.12～0.15 兆帕 40 分钟,冷却到液面温度为 30℃时接种。

(2)接入母种 母种试管口和平底烧瓶口,对准酒精灯火焰无菌区,拔下试管及烧瓶的棉塞,用酒精灯火焰灼烧过的接种钩钩取母种块连培养基,迅速放入烧瓶液面上,使种块浮在液面上。每个烧瓶接入 5～6 块菌种,棉塞过火后塞好瓶口。1 支母种可转接 2 瓶液体母种。

(3)摇瓶培养 接种后先静置培养 48～72 小时,培养箱或培养室温度为 26℃～28℃。待种块上部萌发长出大量新菌丝体时,置于磁力搅拌器上培养(动磁场环境),培养温度从 28℃逐步降至 25℃。摇瓶的转速先慢后快,茶薪菇一般需要 120 小时即可终止培养。液体菌种既可用作原种转接栽培种,也可直接接种出菇菌袋。

(4)观察鉴别 静置培养阶段用眼观察,正常情况下,茶薪菇菌丝体洁白纯正,浓密健壮,丝毛状,生长同步。如果液面上菌种块带有红、橙、黄、绿、灰、蓝、紫等杂色,即为污染了杂菌。培养过程中液体培养基颜色由深变浅,培养好的茶薪菇液体菌种呈黄褐色,半透明,菌丝片段既不下沉也不上浮,与液体混为一体,有挂壁现象。如果液体颜色呈灰黄色且混浊,则为污染了杂菌。打开瓶塞闻一闻,茶薪菇菌种有一股浓郁的咖啡味,如有酸、臭、霉等异味则有杂菌。菌球浓度达 1 000～1 500 个/毫升,经 3 000 转/分钟离心 10 分钟,菌体湿重在 20～25 克/100 毫升。

(5)转接栽培种 液体菌种用于接种固体栽培种时,接种室采用臭氧消毒器消毒 40 分钟,用 75％酒精棉球将瓶口擦拭消毒,轻轻摇晃培养瓶,使菌丝片段均匀分布于液体中,然后打开棉塞,将液体菌种倒入经灭菌冷却后的茶薪菇木屑培养基的栽培种中,尽量使菌种覆盖住整个培养基料面。每瓶液体菌种接种 50 个菌种袋,每袋接入 30 毫升液体菌种。经培养 40～50 天即成。

2. 液体菌种栽培出菇管理

茶薪菇液体菌种应用于接种栽培出菇,其操作方法基本上按照常规进行。为了方便读者顺利生产,这里按照王金枝、郭仲朴、刘瑾(2009)报道天津地区栽培技术。

(1)栽培季节 春、秋两季制作菌袋,春季 3～4 月,秋季 9～10 月,发菌培养 40～50 天,后熟培养 10 天,利用大棚立袋摆放出菇,每棚 667 米²,摆放 5 万袋。

(2)菌株选择 天津地区栽培茶薪菇所用的水源为地下水,含盐量比较高,有的菌株不能适应。经试验和江西赣州中兴研究所选育的 AS. b 菌株较适应。

(3)培养基配制 下列 3 种配方任选一种:①棉籽壳 30％,杂木屑 18％,麦麸 16％,玉米粉 5％,碳酸钙 1％;②杂木屑 39％,棉籽壳 60％,木屑 13％,麦麸 10％,玉米粉 10％,糖 1％,碳酸钙 1％;③棉籽壳 60％,木屑 13％,麦麸 10％,玉米粉 10％,黄豆粉 5％,糖 1％,碳酸钙 1％。将主、辅料按比例加水后充分搅拌均匀,含水量 60％～65％,堆闷 1 小时后,采用机械装袋,菌袋用低压聚乙烯塑料袋,17 厘米×33 厘米×0.05 厘米,装料高 20 厘米左右,每袋装干料 300～350 克。料装好后立即灭菌,一般用常压灭菌,温度达 100℃时计时 10～12 小时。

(4)接种培养 料袋冷却至 30℃以下时接种。接种时用酒精灯火焰灼烧过的接种勺,挖出菌种接入栽培袋。每瓶或每袋栽培种可接出菇袋 40～50 个。发菌室要提前喷药消毒杀虫杀菌,此外还要防鼠害。菌袋地上码放培养,也可上架码放培养,24℃～26℃室温下 40～50 天可发满袋。发菌阶段要求避光培养,常温和通风换气,保持棚室内清洁干燥及适宜的温度。

(5)出菇管理 菌丝发满袋后约经过 10 天左右的后熟培养,即可搬入菇棚开袋出菇。棚温保持在 20℃～28℃,喷雾状水使棚内空气相对湿度达到 85%～90%。不久,菌丝从营养生长转到生殖生长阶段,料面颜色起了变化,初期出现黄水现象,而后出现深褐色的斑块,接着出现小菇蕾。一般开袋后 15～20 天开始出菇,从现蕾到采菇需要一周左右的时间。子实体长到八成熟时为采收期,即菌膜未开,菌柄白色,菌盖深褐色。采收时要将整袋的大小菇全部采下,并清除袋内的小菇和死菇。第一潮菇采收完后,向袋中加水,浸泡 6～8 小时后倒掉多余的积水,空气相对湿度到 90%～95%,如此反复,可采收 6～7 潮菇。采收后的茶薪菇应及时送入冷库保鲜或加工。

(七)茶薪菇菌渣再利用种菇技术

茶薪菇菌袋长菇结束后的废料,称菌渣或菌糠,现大都利用作为果树施肥或作为沼气堆料。近年来各产区在实施农业循环经济中,对茶薪菇的废料进行化验表明,这些菌渣中含有未被利用的粗蛋白质、纤维素和矿质元素等丰富的营养物质,通过技术处理,可用于栽培秀珍菇、大球盖菇、鸡腿蘑、竹荪等食用菌,提高利用率,增加经济收入,实现了零排放、节能环保循环经济。

1. 菌渣栽培鸡腿蘑

鸡腿蘑又名毛头鬼伞,属于草生型菌类,适应性极广。福建莆田市食用菌办黄培强、林德章(2001)利用茶薪菇菌渣栽培鸡腿蘑,获得理想效果。具体操作技术如下。

(1)集堆发酵 先将茶薪菇废袋去掉袋膜,取去废筒打碎,再按菌渣干料量折算加入 5%麸皮、1.5%～2%石灰,调至含水量60%～65%,用手紧捏,指缝间有水印出现,即配好培养料。把配制搅拌均匀的培养料堆成梯形,下部宽 1.5 米、上部宽 1.2 米、高1.2～1.5 米,长度不限,堆高 50 厘米,然后在料堆中间每隔 50 厘米放直径 8～10 厘米的木棒或竹竿。待堆料完成后,抽出木棒形成通气洞,再在堆两侧各打同样 2～3 排的空洞,以利于堆内通气,形成好氧发酵。如遇雨天应用塑料薄膜遮盖,雨后立即去掉。发酵时间 8～10 天,中间要进行翻堆,一般隔天进行。发酵好的料呈棕褐色,不黏,无臭,无酸味,pH 7～7.5。

(2)配料装袋 把以上发酵好的料,再按干料加入 15%麸皮、2%玉米粉、1%碳酸钙、0.5%过磷酸钙,调节培养料含水量达55%～60%。然后装入 17 厘米×33 厘米×0.05 厘米的聚丙烯折角袋内,每袋装料湿重 1 千克,高度 12 厘米,中间打洞,并用橡皮筋扎口。把装好的料袋,再装入洗净的废旧饲料编织袋内,每袋装20～30 小袋,把袋口扎牢。

(3)常压灭菌 先在地上用砖头和木板做高 20 厘米、长 3 米、宽 1.5 米的低垫,然后把装好袋子的编织袋依次排叠于底垫上,各层均与下层交错排放。这样有利于堆的稳定牢固,形成交错的空间,有利于蒸汽的循环,使灭菌彻底。这样堆码一般 5～7 层,每堆可灭菌 2 000～3 000 袋。堆码后先盖上一层塑料麻袋类的保温层,再盖上帆布或塑料纺织布的保护层,最后用麻绳在外面扎牢,石头压紧。采用 50 加仑汽油桶加热送蒸汽灭菌。一般每灶灭菌

2 000～3 000 袋,要用 3～4 个汽油桶,500～600 块直径约 10 厘米、高 7 厘米的蜂窝煤。在 3～4 小时内,把堆温升到 100℃,然后保持 16～18 小时,冷却后按无菌操作要求进行接种。

(4)发菌培养 接种后把菌袋排放在架床上,每平方米可排放 70～80 袋,控制温度 22℃～28℃,空气相对湿度 70% 以下,光线宜暗。过 35～40 天菌丝可发满袋。

(5)覆土出菇 长满菌丝后剪去袋口薄膜,留 3～5 厘米长余膜。覆盖经消毒过的泥土,覆至袋口平。先把泥土加工成 0.5～1.5 厘米的土粒,经消毒处理。覆土后泥土要喷水调成土粒,用手捏能扁、手搓能成团的湿度标准。如果捏碎,搓不成团,应喷水补充。当见到土缝间小菇蕾出现时,不要喷水,以免水分偏高,会使小菇色泽加深直到黑褐色。空气相对湿度应保持在 80%～90%,同时要经常通风换气,使室内空气新鲜,光线也要调亮一些,散射光对菇蕾的分化有促进作用。每潮菇采后,要喷水把土粒调到如前所述的程度。

覆土后因气温的高低,会影响到出菇的迟早,但对总产量似乎影响不大,一般春季在 3 月下旬至 5 月上旬,秋季 10 月上旬至 11 月中旬为最佳出菇季节。一般春季袋产量可达 200～300 克,秋季袋产量 150～200 克。9 月中旬后气温 30℃左右,应把袋内疏松覆土倒掉,重新覆土,促使长二潮菇。

2. 菌渣栽培毛木耳

茶薪菇菌渣可利用栽培毛木耳,其成本可降低 15%～20%,效果很好。其栽培技术如下。

(1)菌渣处理 将收获结束的茶薪菇菌渣,破袋取料,打碎摊开晒干,收集备用。

(2)配料比例 菌渣 25%,杂木屑 33%,棉籽壳 20%,麦麸 15%,米糠 5%,石膏粉 0.7%,碳酸钙 1%,混合肥 0.3%,料与水比例为 1：1～1.2。

(3)料袋制作 毛木耳栽培袋规格为 15 厘米×55 厘米,每袋装干料 0.9～1 千克。装袋按常规,料袋灭菌 100℃以上保持 24 小时,达标后趁热卸袋,疏排散热。

(4)接种发菌 料袋正面打 4 个接种穴,不贴接布。毛木耳菌种多为袋装(13.5 厘米×24 厘米),每袋菌种可接 25～30 个栽培袋。接种后菌袋置于室内,按每 4 袋交叉重叠 10～12 层,进行发菌培养。为防止螨虫为害,接种后 3～4 天,用 73%克螨特乳油 3 000 倍液喷洒空间。菌袋培养 8～10 天后进行第一次翻袋,以后每隔 7～8 天翻袋 1 次。发菌期温度以不低于 22℃、不超过 32℃为好。

(5)出耳管理 接种后经过 30 天培育,菌丝长满袋,生理成熟即进入诱饵。具体操作:用刀片在袋侧面各割"×"形出耳穴 4 个,穴口掌握在 2 厘米长为适;割穴后疏袋散热,菌袋改为 3 袋交叉重叠,扩大空间;并喷雾化水于空间,空气相对湿度保持 85%,诱导耳芽发生,夏天气温高时,可在地面喷水增湿出耳;待大部分耳芽长出 1 厘米后,将菌袋搬进室内或野外菇棚的培养架上排袋出耳,每天喷水 1～2 次,直喷耳片上,以耳片湿润为适;出耳温度以 25℃～32℃均可,每天通风 1～2 次;从接种到采收一般 55 天,可连续采收 4～5 批结束,生物转化率达 130%。

3. 菌渣栽培竹荪

利用茶薪菇菌渣栽培竹荪,每 667 米² 可收竹荪干品 100 千克,增加收入 5 000 元以上。

(1)菌渣处理配比 将茶薪菇废袋集中到晒场,脱去袋膜,取料捣散晒干。然后按菌渣 50%,玉米秆 47%(或可采用棉花秆、豆秆、花生壳或竹、木、果、桑枝桠,碎屑均可),石灰 3%,加清水

130％。采取集堆发酵处理:按照一层秸秆,一层菌渣,把石灰溶于水中后,洒于料层上,依此堆放 4 层,最后在上面盖薄膜。发酵时间 10 天,其间翻堆 3～4 次,拌匀后,含水量 60％～65％即可。

(2)铺料播种覆土 竹荪栽培场可在野外田地、林果园间或大棚内,畦床底宽 50～60 厘米,四周挖排水沟。根据竹荪菌丝生长下伸特性,铺料时可先将发酵后的培养料,2/3 量铺放畦床上,在料面撒播竹荪菌种,再将 1/3 培养料铺在上面,用脚踩实,使料与菌种吻合。整个料层 15 厘米厚,形成底层宽、上层稍缩的菌床,避免料床崩倒。每平方米用料 12～15 千克,菌种 2～3 袋,并在料面覆土 3～4 厘米,最后在覆土层再铺放一层玉米或小米等秸秆即可。野外田地栽培接种后,可在畦旁每间隔 1 米套种玉米、大豆、辣椒等作物作为遮阳。

(3)出菇园间管理 播种覆土后,若气温低时,畦床上方罩膜保温发菌,菌丝生长 8℃～35℃均可,但 25℃～28℃最适。发菌培养在适温条件下 50～60 天出现菌球,逐步膨大,并破口抽柄,散裙成子实体。子实体生长温度 25℃～35℃均可,每天上午空间喷水一次,空气相对湿度要求 90％～95％,如果湿度低,菌裙悬结难以伸长,影响产品质量。长菇期处于高温期,光强过大时,上方可采用遮阳网遮阴。一般播种后 60 天,就可采收第一潮竹荪。

4. 菌渣袋栽秀珍菇

秀珍菇又名袖珍菇、环柄斗菇、姬平菇,属侧耳科。许国城、陈政明(2001)进行了试验,利用茶薪菇菌渣栽培秀珍菇,9 月份制袋,10 月份长菇。结果表明,用 20％～30％菌渣代替木屑栽培秀珍菇,每 1 万袋投料 3 500 千克,增收 3 074 元,获得较好的经济效益。这里根据其试验材料整理,具体方法如下。

(1)菌渣处理 将长过茶薪菇后的菌渣集中,采用破料机或手工脱膜取料,置于太阳下晒干备用。

(2)配料装袋

配方 1:菌渣 30%,杂木屑 32%,棉籽壳 20%,麦麸 15%,糖 1%,轻质碳酸钙 1%,石灰 1%。

配方 2:菌渣 20%,杂木屑 41.5%,棉籽壳 20%,麦麸 16%,糖 1%,软质碳酸钙 1%,石灰 0.5%。

以上配方料水比:1∶1。拌料均匀,装入 17 厘米×33 厘米×0.05 厘米聚丙烯折角袋,每袋装干料 350 克。灭菌处理按常规。

(3)发菌培养 料袋接入秀珍菇菌种后,置于 25℃室内发菌培养,菌丝走满袋时间 33 天。菌袋培养室干燥避光、通风。

(4)出菇管理 菌袋生理成熟后,搬进菇棚内上架排袋或平地墙式叠袋。然后拔去袋口棉塞或解绳,敞开袋口,让氧气透进袋内,人为创造 8℃～12℃的温差刺激。长菇期温度控制在 18℃～22℃,长菇期喷水,空气相对湿度保持 85%～95%,菇房通风增氧,光照度 300～500 勒,有利原基分化子实体形成。

5. 菌渣栽培大球盖菇

茶薪菇菌渣通过发酵配制,在室外免棚栽培大球盖菇,接种后 60 天出菇,每平方米可采收鲜菇 10～15 千克,低成本、高产量、高效益。具体方法如下。

(1)菌渣发酵 将菌渣集中到水泥坪上,割掉薄膜袋,取出菌渣,打散晒干。然后按菌渣 70%、棉籽壳 10%、杂木屑 10%、稻草 7%、石灰 3%、清水 1∶1.3 的配方,将上述料混合均匀,再加入石灰溶水反复搅拌后,整堆发酵 15 天,中间进行翻堆 3 次,达到料疏松、无氨气即可。然后在播种时再加清水,含水量掌握在 60%左右。

(2)栽培季节 大球盖菇一般 9 月中旬至 11 月份播种,11 月份至翌年 3 月份为长菇期。

(3)场地处理 因地制宜选用水稻收获后的田地,将收割后剩余的稻根压平。也可以利用果园、林地作栽培场,但要靠近水源,方便管理。

(4)铺料播种　将发酵料铺于压平稻根的畦床上。床宽1米左右,长度视场地。铺料15厘米厚,播入大球盖菇的菌种,每平方米使用菌种5瓶。然后在田地挖沟深20厘米、宽50厘米。将挖出泥土打碎,覆盖于畦床上,厚3～4厘米,畦床表层覆盖稻草5～6厘米。菇棚不必遮盖,利用地温、地湿自然生长。若气候干燥时,应加水浇湿床面草料。

(5)出菇管理　播种后的1个月左右,菌丝基本走满床内,并爬向床面,菌丝色泽白,粗壮密集,播种后45～60天可出菇,此时在畦床上插弓条,用遮阳网罩盖。管理过程既不要使料内过湿,也不要让料内干燥,做到适量喷水。如气候干燥要喷水床面,渗透床内菌丝。气温在15℃～23℃时,子实体生长发育良好。菇蕾发生至成熟,一般为5～10天。大球盖菇宜在未开伞前采收,其味道、口感为佳。现有市场主要是鲜销或加工盐渍上市。

五、茶薪菇病虫害规范化防控技术

（一）病虫害防治存在的问题

茶薪菇菌丝和子实体含有浓郁的杏仁香味，因此相对而言，在生产过程病虫害比其他菇类发生的类型多、受害面广，而在防治上也存在不少误区。

1. 重治轻防，扩大污染源

在茶薪菇生产中，栽培者都知道病虫害比其他菇类多，要注意防治，而在生产过程就落不到实处。突出表现的是：菌袋被杂菌污染后，采取搬出隔离，控制蔓延，这是对的。然而这些污染菌袋，离房后有人把它扔到菇房外；有人把它扔进乡村溪河旁，结果这些污染袋在野外经雨淋日晒，高湿高温，反而加快繁殖，孢子大量散发，造成空间杂菌孢子指数大量增加，给食用菌再生产带来了更大困难的不良效果。这实质就是防患意识薄弱，防重于治没真正引起栽培者的高度重视。

2. 用药不当，反遭其害

茶薪菇治虫灭害用药知识普及不足。常发现没有掌握好虫情病况，就盲目施药。有一个菇农听说磷化铝可以杀虫，因此在菌袋开口前为防治病虫入侵，就在菇房内安放磷化铝 400 片进行熏蒸杀虫。结果菌袋开口后，原基萎缩，影响出菇。经分析原因在于用量超出 3 倍,而且投放点集中一处。说明了滥用农药、盲目加大用量,而且用药不规范会带来负面的后果。有人在菌袋开口前喷药,第二天就着手开口,结果药物残留袋面,操作人员接触后引起中毒。

3. 虫害病害分不清,防治失误

茶薪菇生产过程,菌袋培养常发生杂菌和螨虫为害,而出菇阶段有病原菌引起侵染性病害和生理性病害。不少菇农在这方面划分不清,常把生产管理失控引起生理性病害,如菌袋受高温引起烧菌,误认为是杂菌侵害;长菇阶段喷水过量引起猝倒,误认为是受病原菌侵袭。因此盲目施药,造成菌丝受到挫伤,菇体安全卫生受影响。

4. 下药不对症,防治无效

在明令禁止使用的农药公布后,药品市场上这些品种逐渐少见或不见。而代替的农药没有广泛宣传,又缺乏具体使用指导,有的农药店为了追求利润,片面推销高利润农药,又没有详细介绍防治对象及使用方法。菇民购回就盲目喷施,不能对症下药,不但达不到除病灭害的目的,而且增加了生产成本。更重要的是给产品农药残留面扩大,影响食品安全。

(二)常见杂菌防治措施

1. 木霉特征与防治

木霉(TrichodermaSPP)又名绿霉。危害茶薪菇的主要有绿色木霉(T. uiridePers. es S. F. Grey)、康氏木霉(T. koningii OUdem)、粉绿木霉(T. glaucum)、多孢木霉(T. polysporum)和长梗

木霉(*T. longibrachiatum*)。

(1)形态特征 木霉菌丝生长浓密,初期呈白色斑块,逐步产生浅绿色孢子。菌落中央为深绿色,向外逐渐变浅,边缘呈白色;后期变为深黄绿色、深绿色,会使培养基全部变成墨绿色。菌丝有隔膜,向上伸出直立的分生孢子梗,孢子梗再分成两个相对的侧枝,最后形成梗。小梗顶端有成簇的分生孢子。两种木霉形态见图 5-1。

图 5-1 木 霉

1. 绿色木霉 2. 康氏木霉

(2)发生与危害 木霉菌为竞争性杂菌,又是寄生性的病原菌。它既能寄生于茶薪菇的菌丝和子实体,又有分解纤维素和木质素的能力。木霉菌丝接触寄主菌丝后,能把寄主的菌丝缠绕、切断,还会分泌毒素,使培养基变黄消解。木霉菌适于在 15℃～30℃温度和偏酸性的环境中生长。常发生在茶薪菇菌种和栽培袋的培养基内,也侵染在子实体上。它与茶薪菇争夺养分和生存空间。受其侵染后,养分被破坏,严重的使培养基全部变成墨绿色,发臭变软,导致整批菌袋腐烂;子实体受其侵染后霉烂,给栽培者带来严重损失。

(3)防治方法 注意清除培养室内外病菌孳生源,净化环境,杜绝污染源;培养基灭菌必须彻底,接种时严格执行无菌操作;菌袋堆叠要防止高温,定期翻堆检查;出菇阶段防止喷水过量,注意菇房通风换气。如在菌种培养基上发现绿色木霉时,这些菌种应立即淘汰。如在菌袋料面发现绿霉菌,可用 5% 苯酚混合液,或用 75% 百菌清可湿性粉剂 1 000~1 500 倍液等药剂注射于受害部位;污染面较大的采取套袋,重新进行灭菌、接种。成菇期发现时,提前采收,避免扩大污染。

2. 链孢霉特征与防治

链孢霉(*Pink mold*,*red bread mold*)亦称脉孢霉(*Neurospora*)、串珠霉,俗称红色面包霉,属于竞争性杂菌之一。

(1)形态特征 链孢霉是最为常见的一种杂菌,其菌落初为白色、粉粒状,后为绒毛状。菌丝透明,有分枝、分隔,向四周蔓延;气生菌丝不规则地向料中生长,呈双叉分枝。分生孢子成链状、球形或近球形,光滑。分生孢子初为淡黄色,后为橙红色。其形态见图 5-2。

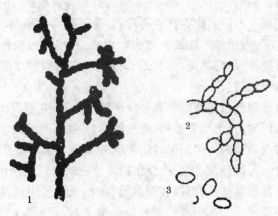

图 5-2 链孢霉
1. 孢子梗分枝 2. 分生孢子穗 3. 孢子

(2)发生与危害　链孢霉是土壤微生物,适于高温高湿季节繁殖,25℃~30℃时其孢子 6 小时即可萌发,生长迅速,2~3 天完成一代,广泛分布于自然界。茶薪菇夏天制袋,易受链孢霉污染,仅 3 天时间,其气生菌丝向外伸出袋面破口处,向下长到料底。链孢霉的菌丝细而色淡,氧气不足时只长菌丝,暂不长孢子;稍有一些空气,气生菌丝就会长出一些粉红色分生孢子。菌种瓶口棉塞灭菌时受潮吸湿,或栽培袋破孔的就更易被该杂菌污染;还能从棉塞长出成串的孢子穗,形同棉絮状,蓬松霉层。链孢霉的孢子随风传播,蔓延扩散极快。初秋茶薪菇接种后的菌袋,最常见的杂菌污染就是链孢霉。其分生孢子耐高温高湿,干热达 130℃尚可潜伏。分生孢子为粉末状,数量大、个体小,随气流飘浮在空气中四处扩散;也可随人体、衣物、工具等带入接种箱(室)、培养场所,传播力极强。不少栽培者因菌袋受链孢霉污染,造成极大损失。

(3)防治方法　严格控制污染源。链孢霉多从原料中的棉籽壳、麦麸、米糠带入,因此选择原料时要求新鲜、无霉变,并经烈日暴晒杀菌。塑料袋要认真检查,剔除有破裂与微细针孔的劣质袋;清除生产场所四周的废弃霉烂物;培养基灭霉要彻底,未达标不轻易卸袋;接种可用纱布蘸酒精擦袋面消毒,严格无菌操作;菌袋排叠发菌室要干燥,防潮湿、防高温、防鼠咬;出菇期喷水防过量,注意通风,更新空气。

一旦在菌种瓶棉塞或料面上发现链孢霉时,立即淘汰;在栽培袋料面发现时,速将菌袋排稀,疏袋散热,并用石灰粉撒于袋面,起到降温抑制杂菌的作用。同时用 75%甲基硫菌灵可湿性粉剂 500 倍液注射入污染部位,用手按摩使药液渗透料内,然后用胶布封针眼。链孢霉极易扩散,当菌袋受其污染时,最好采用塑料袋裹住,套袋控制蔓延。若在袋外已发现分生孢子时,可用柴油或煤油涂擦,迫使其萎缩致死;或用 70%噁霉灵可湿性粉剂 1 500~2 000 倍液喷洒杀灭。切不可到处乱扔,以免污染空间。

3. 毛霉特征与防治

毛霉(*Mucor*)又名长毛菌、黑面包霉,属真菌门,毛霉目。主要危害茶薪菇的有总状毛霉(*M. ucorracemosus Fres*)、大毛霉(*M. mucedol.* fres)和刺状毛霉(*M. spinosus.* Fres)。

(1)形态特征 菌丝白色透明,分枝,无横隔,分为潜生的营养菌丝和气生的匍匐菌丝。孢子梗从匍匐菌丝上生出,不成束,单生,无假根。孢子囊顶生,球形,初期无色,后为灰褐色。孢囊孢子椭圆形,壁薄。结合孢子从菌丝生出。PDA培养基上气生菌丝极为发达,早期白色,后灰色,与根霉相比黑色小颗粒明显少。其形态见图5-3。

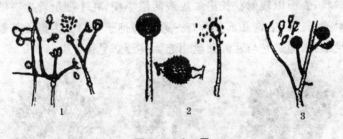

图 5-3 毛 霉
1. 总状毛霉 2. 大毛霉 3. 刺状毛霉

(2)发生与危害 毛霉常发生在菌种和栽培袋的培养基上,适应性极强,生长迅速。受害的培养料上,初期长出灰白色粗壮稀疏的气生菌丝,其生长速度明显快于茶薪菇菌丝,蔓延极快,随着菌丝生长量增加,形成交织稠密的菌丝垫。原因多为周围环境不卫生,培养室、栽培场通风不良,湿度过大;菌瓶棉塞受潮或菌袋内培养基偏酸或含水量过高。这种霉菌发生在培养基上与茶薪菇菌丝争夺养分,破坏菌丝正常生长,直至菌袋变黑报废。

(3)防治方法 注意净化环境条件,培养基灭菌彻底,严格接种规范操作,加强房棚消毒,注意室内通风换气,降低空气相对湿度,以控制其发生。一旦在菌袋培养基内发现污染时,可用70%～75%酒精或用 pH 9～10 的石灰上清液注射患处。

4. 曲霉特征与防治

曲霉(*Aspergillus*),其品种较多,危害茶薪菇的主要有黑曲霉(*A. niger Van Tieghem*)、黄曲霉(*A. flavus LinK*)、土曲霉(*A. terreusThom*)和灰绿曲霉(*A. glaucusLink*)。

(1)形态特征 曲霉的菌丝比毛霉菌粗短,初期为白色,以后会出现黑、黄、棕、红等颜色。其菌丝有隔膜,为多细胞霉菌,部分气生菌丝可分生成孢子梗。分生孢子顶端膨大为顶囊。顶囊一般呈球状,表面以辐射状长出一层或两层小梗,在小梗上着生一串串分生孢子。以上这几部分合在一起称为孢子穗。分生孢子基部有一足细胞,通过它与营养菌丝相连。其形态见图 5-4。

1   2   3

图 5-4 曲 霉
1. 黑曲霉 2. 黄曲霉 3. 土曲霉

(2)发生与危害 曲霉广泛分布在土壤、空气、各种有机物及农作物秸秆中。在 25℃以上、湿度偏大、空气不新鲜的环境下发生。曲霉在茶薪菇菌袋接种后,常发生侵染培养料表面,初期菌落零星发生,菌丝白色茸毛状,不同的曲霉种随后显现黄、褐、黑等颜色。曲霉与茶薪菇菌丝争夺养料和水分,分泌有机酸的霉素,影响茶薪菇菌丝的生长发育;并发出一股刺鼻的臭气,致使茶薪菇菌丝死亡;同时也危害子实体,造成烂菇。

(3)防治方法 除参考木霉、链孢霉防治办法外,在茶薪菇开口增氧阶段,可采取加强通风,增加光照,控制温度,造成不利于曲霉菌生长的环境。一旦发生污染,首先隔离污染袋,加强通风,降低空气相对湿度。污染严重时,可喷洒 pH 9～10 的石灰上清液,或注射 500 倍的甲基托布津溶液。成菇期发生为害时,可提前采收。

5. 青霉特征与防治

青霉(*Penicillium frequentans* west),危害茶薪菇的主要有产黄青霉(*P. chrysogenum* Thom)、圆弧青霉(*P. cyclopium* Westl)、苍白青霉(*P. Pallidum* smith)、淡紫青霉(*P. lilacinum* Thon)和疣孢青霉(*P. ueruculosum* Peyron)。

(1)形态特征 青霉在自然界中分布极广,菌丝前期多为白色,后期转为绿色、蓝色、灰绿色等。青霉的菌丝也与曲霉相似,但没有足细胞。孢子穗的结构与曲霉不同,其分生孢子梗的顶端不膨大,无顶囊,而是经过多次分枝产生几轮对称或不对称的小梗,然后小梗顶端产生成串的分生孢子,呈蓝绿色。其形态见图 5-5。

(2)发生与危害 青霉一般侵染培养料表面,出现形状不规则、大小不等的青绿色菌斑,并不断蔓延。适宜温度为 20℃～25℃,在弱酸性环境中繁殖迅速,与茶薪菇菌丝争夺养分,产生毒素隔绝空气,破坏茶薪菇菌丝生长,影响子实体的形成。

(3)防治方法 参考木霉防治办法。特别强调发菌培养室加强通风,菇棚保持清洁;同时注意降低温、湿度,以控制发生。若菌袋局部发生时,可用 5%～10%石灰水涂刷或在患处撒石灰粉,也可用 75%福美双可湿性粉剂 1 500 倍液杀灭病原菌。

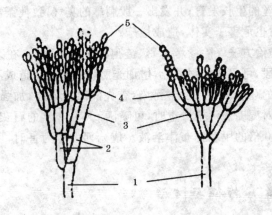

图 5-5 青 霉

1. 分生孢子梗　2. 副枝　3. 梗基　4. 小梗　5. 分生孢子

6. 根霉特征与防治

根霉（*Rhizopus*）又名面包霉，危害茶薪菇的主要是黑根霉〔*R. hizopusstolonifer*(Ehrenb：exFR.）Vuill〕。

(1)形态特征　根霉初期灰白或黄白色，后变成黑色，到后期变成黑色颗粒状霉层。菌丝分为潜生于基物内的营养菌丝和生于空气中产生繁殖的气生匍匐菌丝。后者与基质面平行作跳跃式蔓延，并在接种点产生假根，孢囊梗由此长出。多孢囊梗丛生，不分枝，顶部膨大，初为白色，后变黑色。孢囊孢子无色或黑色。其有性阶段为结合孢子，从营养菌丝或匍匐菌丝生出，在 PDA 培养基上菌落初为白色，气生菌丝发达，后产生黑色或灰色。其形态见图 5-6。

(2)发生与危害　根霉发生主要是由于培养室、栽培房通风不良，湿度过大，培养基含水量过多。其在 pH 4.0～6.5 的范围生长较快。主要破坏培养基内养分，受害处表面形成许多圆球状小颗粒体，出现霉层，致使茶薪菇菌丝无法生长。

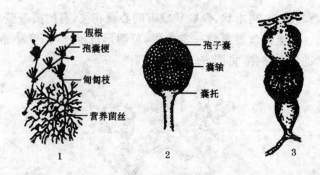

图 5-6 根 霉

1. 生长状况　2. 孢子囊　3. 结合孢子

（3）防治方法　首先把好基质关，配料时掌握好含水量，灭菌保证达标，装袋、搬袋过程严防破袋；接种严格执行无菌操作，发菌培养期加强室内通风换气，并降低空气相对湿度。一旦在培养基内发现污染时，应把室内温度控制在 20℃～22℃，再用 70％～75％酒精注射患处，或用 pH 8.5 的石灰上清液涂刷患处，或用50％甲霜灵 1 000 倍液喷洒，控制扩散。

7. 放线菌特征与防治

在茶薪菇制种中常出现放线菌危害菌种，引起菌种变质。放线菌主要有湿链霉菌（*Str. humiaus*）、诺卡氏菌（*Nocardia* SP）等，属于原核生物，竞争性杂菌之一。

（1）形态特征　放线菌的菌落呈放射状而得名。菌丝与细菌近似，要放大 1 000 倍左右才能看到。常生长在培养基内或紧贴在培养基表面，纠缠在一起形成密集的圆形菌落，外表较干燥，坚实，光平或多状。菌落周缘有辐射状的菌丝，颜色大部分呈黄、橙、红、紫、蓝、绿、灰褐、黑色，亦有无色的，且表面和背面的颜色不同，或有色素分泌于体外，使培养基着色。气生菌丝向空间长出，一般颜色较深,较粗,粉末状,颗粒状或有同心圆花纹,有的满盖整个菌落表面。气生菌丝发育到一定阶段,顶端形成孢子丝,产生孢子。孢子丝的形态多样,见图5-7。

图5-7 放线菌各种孢子丝形态

(2)**发生与危害** 放线菌是无性繁殖,菌丝断裂片段即可繁殖成新的菌丝体。孢子形成的方式有凝聚分裂、横隔分裂和孢囊孢子三种。大部分的放线菌的孢子是凝聚分裂而成的,在温度28℃~32℃时孢子吸水膨胀,萌发成芽管,并伸长分枝,繁殖较快。放线菌孢子主要通过空气传播混入原料;常因配制培养基偏酸,料袋灭菌不彻底有利繁殖;或菌种本身带该菌所致。放线菌主要发生在菌种培养基内,争夺营养分,破坏基质,使菌种发生质变。

(3)**防治方法** 放线菌应以防为主,净化环境。菌种室彻底消毒,床架刷漂白粉液,可拆卸的支撑材料应拆下洗刷或浸漂白粉液后晒干;地面撒石灰消毒处理;再用洁霉精按20克对水40~50升配成溶液,喷洒栽培房空间及架床,杜绝病菌。原料使用前经烈日暴晒1~2天,麦麸要求新鲜无霉变,其他辅料要求优质。配料时含水量不超过 60％为好,防止偏酸。菌种选育过程不断提纯优化,提高种质。培养基采用高压灭菌锅,并按照灭菌指标进行。严格执行无菌操作接种,宜选午夜或清晨空气清新的时间接种。接种后每 2 天检查一次,发现放线菌侵染时,应立即淘汰烧埋。做好清残,并用漂白粉消毒。

8. 酵母菌特征与防治

酵母菌是单细胞的真核微生物,在工业、农业、食品加工等领域中广泛被利用。但在茶薪菇生产中却是有害的,常见酵母菌有酵母属(*Saccbaromyces*)和红酵母属(*Phodotorula*)。

(1)形态特征 酵母菌为单细胞,卵圆形、柠檬形,有些酵母菌与其子细胞连在一起形成链状假菌丝。酵母菌的菌落有光泽,边缘整齐、较细菌大、厚,颜色有红、黄、乳白等不同类别。酵母菌形态见图 5-8。

图 5-8　酵母菌形态

(2)发生与危害　酵母菌广泛分布于自然界,以无性繁殖为主,其母细胞以出芽形式长成一个细胞,即所谓芽殖。在空气和含糖类的基质及果园土壤中均可生存,并不断繁殖。培养基配制时,常因含水量偏高,拌料装袋时间拖延,基质偏酸,酵母菌极易侵袭;加之料袋灭菌不彻底,培养室适温,因此十分有利于其繁殖。受害后培养料变质,呈湿腐状,散发出酒糟气味;菌种接入料中菌丝不萌发、不定植,造成栽培袋酸败。子实体被害后蒂头变红,最后腐烂。

(3)防治办法　首先把好原料关,特别是棉籽壳和麦麸要求无霉变。使用前将棉籽壳暴晒 24 小时,配制时拌料、装袋时间不超过 4 小时,因培养料加水及糖等有机物后,时间拖延极易引起变酸;料袋灭菌要求达 100℃,保持 16～18 小时,使潜存的酵母菌杀灭致死。一旦发现经测定确认是酵母菌为害时,只能将菌袋剖开,把培养料取出摊铺于水泥地上,并按料量加入 3‰生石灰拌匀,整成堆闷 24 小时后,再摊开让烈日暴晒至干,配合新料再利用。

(三)常见虫害防治措施

1. 菌蚊特征与防治

菌蚊,包括菌蚊科、眼蕈蚊科、瘿蚊科、蛾蚋科、粪蚊科等有 100 多个品种,属于双翅目害虫,是茶薪菇生产中的主要害虫之一。

(1)形态特征　菌蚊品种不同,形态亦有差别(图 5-9),下面介绍常见的几种菌蚊。

①**小菌蚊** (*sciophila* SP)　雄虫体长 4.5～5.4 毫米,雌虫5～6 毫米,淡褐色,头深褐色;触角丝状,黄褐色到褐色;前翅发达,后翅退化成平衡棒棍。幼虫灰白色,长 10～13 毫米,头部骨化

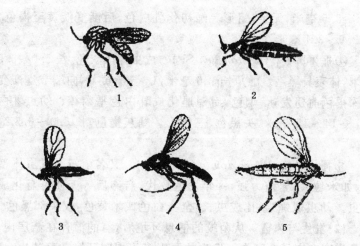

图 5-9 菌蚊

1. 小菌蚊　2. 真菌瘿蚊　3. 厉眼蕈蚊

4. 折翅菌蚊　5. 黄足蕈蚊

为黄色;眼及口器周围黑色,头的后缘有一条黑边。蛹乳白色,长6毫米左右。

②**真菌瘿蚊**(*Mycphila fungicola*)　又名嗜菇瘿蚊。成虫为微弱细小的昆虫,雌虫体长平均为 1.17 毫米,雄虫长 0.82 毫米。成虫头部、胸部背面深褐色,其他为灰褐色或橘红色。头小,复眼大、左右相连;触角细长念珠状 11 节,鞭节上有环毛。雄虫触角比雌虫长,翅宽大,有毛,透明,翅脉有 3 条纵脉和 1 条横脉;后翅退化为平衡棒;足细长,基节短、胫节无端距,腹部可见 8 节;雌虫腹部尖细,产卵器可伸缩,雄虫外生殖器发达,呈一对钳状抱器。

③**厉眼蕈蚊**　又叫平菇厉眼蕈蚊(*Lycoriella Pleuroti Yang et Zhang*)。成虫体长 3~4 毫米,暗褐色,头小,复眼很大,有毛;足细小,黄褐色,卵椭圆形,初乳白色,后渐透明,孵化前头部变黑。幼虫头黑色,胸及腹部乳白色,共 12 节,初孵长 0.6 毫米,老熟

4.6～5.5毫米,无足,蛆形。蛹初化乳白色,后渐变淡黄至褐色,长2.9～3.1毫米。

④**折翅菌蚊**(*Allactoneura* SP) 成虫体黑灰色,长5.0～6.5毫米,体表具黑毛。触角长1.6毫米,1～6节黄节,向端节逐渐变成深褐色前翅发达,烟色,后翅退化成乳白色平衡棒。幼虫乳白色,长14～15毫米,头黑色,三角形。蛹灰褐色,长5.0～6.5毫米。

⑤**黄足蕈蚊**(*Phoro domta flaui* pes) 又名菌蛆。成虫体型小,如米粒大,繁殖力强,一年发生数代,产卵后3天便可孵化成幼虫。幼虫似蝇蛆,比成虫长,全身白色或米黄色,仅头部黑色。

(2)发生与为害 从菌蚊的栖息环境看,有的潜存在菇房内,有的潜存在产品仓库中。发生的原因多为周围环境杂草丛生,垃圾、菌渣乱堆,给虫害提供寄生繁衍条件;加之菇房防虫设施不全,虫害飞入无阻,给虫害生存繁殖有了再生的场所。菌蚊绝大部分是咬食茶薪菇子实体。而幼虫多潜入较湿的培养基内咬食茶薪菇菌丝,并咬蚀原基,严重发生时菌丝全部吃光或将子实体咬蚀成干缩死亡。菌蚊侵入袋内生卵,4～5天后卵变成线状虫,每条虫又可繁殖8～20条幼虫。幼虫钻在料内咬食菌丝,10～15天后又化蛹,6～7天后蛹变虫,有性繁殖世代周期30天后,给茶薪菇生产带来严重危害。

(3)防治方法 注意菇房及周围的环境卫生,并撒石灰粉消毒处理,茶薪菇菌袋开口前进行一次喷药灭害,可用阿维菌素(100毫升/瓶)+定虫脒(275毫升/瓶)+灭幼脲(375毫升/瓶)配水250千克进行喷洒,杜绝虫源。菇房门窗和通气孔要安装60目纱网,阻止成虫飞入;网上定期喷植物制剂的除虫菊液,或5%氟啶脲乳油2 000倍液,阻隔和杀灭飞入的菌蚊。房棚内安装黑光灯诱杀,或在菇房灯光下放半脸盆0.1%敌敌畏液,也可以用除虫菊熬成浓液涂粘于木板上,挂在灯光的附近地方,粘杀入侵菌蚊。发现被害子实体,应及时采摘,并清除残留,涂刷石灰水。菌蚊发生时尽量不用农药,在迫不得已的情况下,可使用低毒、低残留农药,如5‰氟虫腈悬浮剂3 000倍液或5‰氟啶脲乳油2 000倍液喷洒杀灭。

2. 菇蝇特征与防治

菇蝇指的是对茶薪菇生产有害的蝇类,包括蚤蝇科、果蝇科、扁足蝇科、寡脉蝇科,属于双翅目害虫。

(1)形态特征 菇蝇品种不同,形态略有差异(图5-10),下面介绍常见蝇类特征。

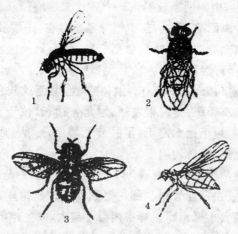

图5-10 菇 蝇
1. 蚤蝇 2. 果蝇 3. 厩腐蝇 4. 扁足蝇

①**蚤蝇**(*Meg aselia halterata*) 体微小,头小,复眼大,单眼小;触角3节。胸部大,腹部侧扁,可见8节;足腿节扁宽,胫节多刺毛,头和体上也多生刚毛;翅多、宽大,翅脉前缘3条粗大,其余很微弱。幼虫体可见12节,体壁有小突起,后气门发达。蛹两端

细,腹平而背面隆起,胸背有一对角。

②果蝇　主要品种有食菌大果蝇(*Drosophila immigraus*)、黑腹果蝇(*Drosophila melanguster*)、布氏果蝇(*Drosophila busckii*)等。这里描述黑腹果蝇特点:成虫黄褐色,腹末有黑色环纹5~7节,复眼有红、白色变型。雄虫腹部末端纯而圆,颜色深,有黑色环纹5节;雌虫腹部末端尖、色浅,有黑环节7节,乳白色,长0.5毫米;背面前端有一对触丝。幼虫乳白色、蛆形,爬于菌袋或菇床上化蛹。最适温度20℃~25℃,一年发生多代,每代12~15天。

③厩腐蝇(*Muscina stabulans Fallen*)　成虫体长6~9毫米,暗灰色。复眼褐色,下颚须橙色,触角芒长羽状,胸黑色。背板有4条黑色纵带,中间两条较明显。小盾片末端略带红色,前胸基腹片、胸侧板中央凹陷,无毛;前中侧片鬃常存在,中鬃发达。翅前缘刺很短,翅脉末端向前方略呈弧形弯曲,翅肩鳞及前缘基鳞黄色。后足腿节端半部腹面黄棕色。

④扁足蝇(*Playpezidae*)　虫体小型,黑色或灰色,具黑斑的蝇类。头大,有单眼,复眼很发达,触角芒很长,位于背面或末端。胸和腹部只有短毛而无刚毛,足胫节无端距,后足的跗节大而扁;翅发达,有轭瓣,翅脉均明显。

(2)发生与危害　菇房通风不良,湿度过大,烂菇不及时处理,常造成蝇类成虫产卵繁殖。蝇主要取食茶薪菇菌丝和幼菇,并从耳基入侵,咬食柔嫩组织。耳房内湿度越大,发生越严重。幼虫老熟后在菌袋穴内化蛹,繁殖下一代。蝇类有明显趋向性,白天活动,还会携带大量病原菌孢子,线虫、螨类等,是病害的传播媒介,为害极大。

(3)防治方法　做好消灭越冬虫源,彻底消除菇房四周的腐败物质,经常用石灰消毒;搞好菇房内卫生,门窗装上60目的尼龙纱,门上挂粘胶板粘杀入侵蝇类,以防虫源入内。由于蝇类的发生期由3月下旬至7月上旬成虫达高峰期,因此在防治上应以杀灭成虫为主。栽培房湿度不宜过高,进入子实体生长期时,房棚内悬挂黑光灯诱杀,将 20 瓦灯管横向装在培养架顶层上方 60 厘米处,在灯管正下方 35 厘米处放一个收集盘,内盛适量的 0.1% 敌百虫药液诱杀成虫,或用半夏、野大蒜、桃树叶和柏树叶捣烂,以 1:1 加水浸渍,喷洒杀灭,也可用 5% 氟啶脲乳油 2 000～3 000 倍液喷洒杀灭。

3. 害螨特征与防治

害螨,俗称菌虱,种类很多,在茶薪菇生产全过程中几乎都可能有害螨发生。

(1)形态特征 下面介绍常见几种害螨形态特征(图 5-11)。

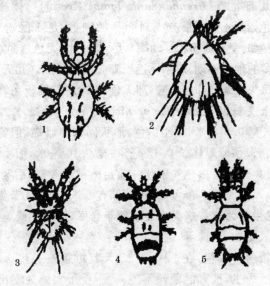

图 5-11 害 螨

1. 蒲螨 2. 家食甜螨 3. 粉螨

4. 兰氏布伦螨 5. 害长头螨

①蒲螨(*Pygme phoroidaea*) 体较偏平,微小,白色至红棕色。须肢较小,螯肢针状、微小。雌螨前足体有 2 个假气门器,雄螨则无,两性均无生殖吸盘。蒲螨是银耳生产中最为重点的类群,为害严重。

②家食甜螨(*Glycyphagus domesticus* Deyeer) 雄螨体长 0.31～0.4 毫米,颚体有一条两端狭、而中间宽的额片,并环绕顶上毛;体毛硬直,并呈辐射状,假气门刺叉状,具分支。雌螨稍大,体长 0.4～0.75 毫米,生殖孔延伸到第三基节窝后缘。

③粉螨(*Acaridmite flour* mite) 体色淡而半透明,体形较圆,颚体的须肢小而不明;躯体有一横勾分为前后两部,背毛多短小。雄螨有肛吸盘和附节吸盘。

④兰氏布伦螨(*Brennandania lambi* Krezal) 体椭圆形,黄白至红褐色,前足体背板有 1 对明显的刚毛,足 1 胫跗节端部无爪,大量发生时呈 666 粉状。幼螨 6 足,体很小,无色透明,取食后即寻找菌丝多的地方不动,后半体逐渐隆起成半球形。几天后蜕皮变为成螨。每头雌螨产卵近百粒,卵无色,以珍珠般堆积在雌螨体末。

⑤害长头螨(*Dolichocybe perniciosa* Zou et Gao) 雄螨体长 0.14 毫米、宽 0.8 毫米,微小白色,形状同未孕雌螨,但略小一些,背毛排列。未孕雌螨体长 0.17 毫米、宽 0.10 毫米,细小扁平。体白色,大量集聚时呈白色粉末状。前足体被毛 3 对,后半体背毛 7 对,毛很小。足 1 有 5 个可动节,端部有 2 爪;足 3、4 节为三角形。

(2)发生与为害 螨类主要来源于仓库、饲料间或鸡棚里的粗糠、棉籽壳、麦麸、米糠等,通过培养料、菌种和蝇类带入菇房。蒲螨和粉螨繁殖均很快,在 22℃ 下 15 天就可繁殖一代。螨类以吃茶薪菇菌丝为主,被害的菌丝不能萌发,使子实体久不出现,直至最后菌丝被吃光或死亡。菌袋受螨害后,接种口的菌丝首先被吃食而变得稀疏或退化,影响出菇或造成烂菇。

(3)防治方法 发现螨类,难以根除。因螨虫小,又钻进培养基内,药效过后,它又会爬出来,不易彻底消灭。因此,只好以防为主,保持栽培场所周围清洁卫生,远离鸡、猪、仓库、饲料棚等地方。场地可用73%克螨特乳油3 000倍液喷洒,杀灭潜存螨源。在栽培环节中,原料必须选择新鲜无霉变,用前经过暴晒处理。在开口增氧之前,为了防止螨类从开口处侵入,菇房可提前1天用40.7%乐斯本乳油1 000~2 000倍液喷施,然后把室温调节至20℃,关闭门窗,杀死螨类。而后再通风换气,排除农药的残余气味。这样,既有效地防治螨类为害,又不伤害茶薪菇的菌丝。子实体生长前期发现螨虫,可用新鲜烟叶平铺在有螨虫的菌袋旁,待烟叶上聚集螨时,取出用火烧死;也可用鲜猪骨间距10~20厘米排放螨害处,待诱集时取出用沸水烫死;还可以用茶籽饼研成粉,微火炒至油香时出锅撒在纱布上,诱螨后取出用沸水烫死。

4.跳虫特征与防治

跳虫,又名香灰虫或烟灰虫,属弹尾目、无翅低等小昆虫,是茶薪菇生产害虫之一。常见跳虫有以下几种:乳白色棘跳虫(*Onychiaras* SP)、木耳盐长角跳虫(*Salina auriculas* Lin)、斑足齿跳虫(*Dicyrtoma balicrura* LinetXiu)、等节跳虫(*Isotomidae*)、圆跳虫(*Pienothrix tricycla* H. Uchida)和紫跳虫(*H. ypogastrura commuuis* Folsom)。

(1)形态特征 弹尾目跳虫品种繁多,形态颜色与个体大小因种而异,但共同点都有灵活的尾部,弹跳自如,体面油质,不怕水。跳虫的腹部的节数最多只有6节,第一节有一条腹管,第四、第五节有一个分叉的跳器,第三节还有很小的握器,这就是跳虫的跳跃器官,也是其主要特征。各种跳虫形态见图5-12。

(2)发生及为害 跳虫多发生在潮湿的老菇棚、阴暗处,高湿及25℃条件时,1年可繁殖6~7代。常群集在野外菇棚内咬食茶薪菇子实体,严重时菌袋表面呈烟灰状。

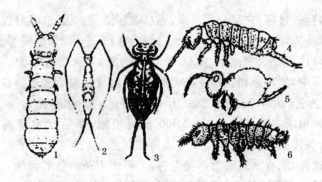

图 5-12 跳 虫

1. 乳白色棘跳虫　2. 木耳盐长角跳虫　3. 斑足齿跳虫
4. 等节跳虫　5. 圆跳虫　6. 紫跳虫

(3)防治方法　及时排除菇棚四周水沟的积水,并撒石灰粉消毒,改善卫生条件。跳虫不耐高温,培养料灭菌彻底,是消灭虫源的主要措施。出菇前菌袋可喷洒 1:150～200 的除虫菊,也可喷90%敌百虫 800～1 000 倍液,或用农地乐 1 000～1 500 倍液喷洒。喷药应从棚内四周向中间喷洒,防止逃跑。还可以用敌百虫、乐果或 0.1%鱼藤精药剂拌蜂蜜进行诱杀。

5. 菇蛾特征与防治

菇蛾为蝶属,鳞翅目害虫,有谷蛾、螟蛾,夜蛾等不同蛾科,数十个品种,为害茶薪菇生产的有谷蛾(*Nemapogon granella*. L. jnne)、印度螟蛾(*Poldia interpumctella* Hubmer)、麦蛾(*Sitotroga Cerealella* Olivier)和粉斑螟蛾(*Ephestia cautella* walker)。

(1)形态特征　蛾体翅覆盖鳞片,口器虹吸式,幼虫除 3 对胸足外,一般还有 5 对腹足,腹足端部生有趾钩,这是蛾体态共同点。但品种不同,翅膀、体态长短,大小、色彩各异。谷蛾成虫体长 5～8 毫米,翅展 10～16 毫米;头项有显著灰黄色毛丛;前后翅均有灰黑色长缘毛,体及足为灰黄色;卵长约 0.3 毫米,扁平椭圆形,浅黄白色,有光泽,幼虫体长 7～9 毫米,头部灰黄色至暗褐色,虫体色浅;蛹长 6.5 毫米,体形稍细长,腹面黄褐色,背面色稍深。印度螟蛾体长 6.5～9 毫米,翅展 13～18 毫米,身体密被灰褐色及红褐色鳞片,下唇须向前伸,末节稍向下;前翅狭长,基部 2/5 翅面灰白色,头部 3/5 红褐色;有 3 条铅灰色横纹,中横线内侧的横纹呈波形,外缘线内侧各有一条;后翅灰白色,缘毛暗灰色。四种菇蛾形态见图 5-13。

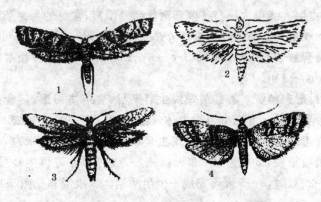

图 5-13 菇 蛾
1. 谷蛾 2. 印度螟蛾 3. 麦蛾 4. 粉斑螟蛾

(2)发生与为害 蛾及幼虫休眠越冬,以取食为害。成虫多在当年菌袋开口后的周围产卵,初孵幼虫钻入料中吸食茶薪菇菌丝体,并蛀入菌袋内层菌丝,然后穿透幼菇。

(3)防治方法

①**控制虫源** 菇房应安装纱门纱窗,防止成虫进入室内,减少虫源。野外菇棚注意环境卫生,清除周围杂草,杜绝虫源。

②**人工捕杀** 成虫不喜光,多停在暗处,结合菌袋翻堆时捕杀;初孵化的幼虫多爬到接种穴上,应及时进行捕捉;预蛹前期

2～3 天老熟幼虫外出活动,应加强预测其活动盛期捕捉。

③**药剂防治** 发现虫口密度较大时,每批茶薪菇采收后,菇房内可用克蛾宝 2 000～3 000 倍液,或用夜蛾净 1 500～2 000 倍液喷洒,也可用 5％氟虫腈悬乳剂 1 500～2 000 倍液等低毒、低残留的药剂喷杀。

6. 线虫特征与防治

线虫(Nematodes)为蠕形小动物,属于无脊椎动物,线形动物门,线虫纲。线虫大小与茶薪菇菌丝粗差不多,常见的为害茶薪菇生产的线虫有蘑菇菌丝线虫(*Ditylenchusmyceliopagus* Goodey)、堆肥滑刃线虫(*Aphelenchoides composticola* Franklin)和木耳线虫(*Pelodera* sp.)等。

(1)形态特征 蘑菇菌丝线虫唇平滑,食道垫刃形,后食道球与肠分界明显。堆肥滑刀线虫体形细长,两端稍尖,有唇瓣 6 片,食道滑刃形,吻叶细小。木耳线虫呈粉红色,体长 1 毫米左右,在室内繁殖很快,幼虫经 2～3 天就能发育成熟,并可再生幼虫,在 14℃～20℃时,3～5 天可完成一个生活期。线虫形态见图 5-14。

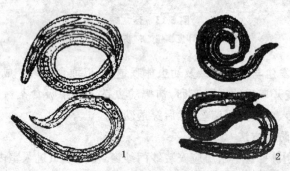

图 5-14 线虫
1. 堆肥滑刃线虫 2. 木耳线虫

(2)发生与为害　线虫对茶薪菇菌丝香味有很强的趋向性,受其为害后的菌丝坏死,进而导致细菌及微生物感染而腐烂。线虫在培养料上移动速度慢,靠其本身不易进行远距离迁移,多是由培养料或旧培养架带虫感染,也由眼蕈蚊等双翅目害虫或螨类携带而转移。线虫在不良环境中可进入休眠,长期存活,常在梅雨、闷湿、不通风的情况下大量发生。线虫常以针口刺入菌丝内,吸食菌丝的细胞液,造成菌丝衰退,不出菇。线虫也会蛀食子实体并带进细菌,造成烂菇。

(3)防治方法　栽培前先对菇房和培养架及一切用具进行彻底消毒,不给线虫有存活的条件;培养基灭菌要彻底,水源应进行检测,对不清洁的水可加入适量明矾沉淀净化;栽培时喷水不宜过湿,经常通风并及时检查。发生线虫时,将病区菌袋隔离;同时停止喷水,可用 0.5% 石灰水,或 1% 食盐水喷洒几次;或用 3% 米乐尔按 7.5 克/米^{2}喷洒。长菇期可用 1% 冰醋酸或 25% 米醋等无公害溶液洒滴病斑,控制蔓延扩大。及时清除烂菇、废料。

7. 蛞蝓特征与防治

蛞蝓又名水蜒蚰、鼻涕虫。为害茶薪菇生产的主要有:野蛞蝓(*Agriolimax agrestisL innaeus*)、黄蛞蝓(*Limax flauus* Limaeus)和双线嗜黏液蛞蝓(*Philomycus* bilineatus Benson)(图 5-15)。

(1)形态特征　野蛞蝓体长 30~40 毫米,暗灰、黄白或灰红色,有 2 对触角,在右触角的后方有 1 个生殖孔;口位于头部腹面两个前触角的凹陷处,口内有齿状物;有外套膜遮盖体背,有体腺,分泌无色黏液。黄蛞蝓长 120 毫米,体裸露柔软,无外壳;深橘色或黄褐色,有零星黄色斑点;分泌黄色黏液,有触角 2 对。双线嗜蛞蝓长 35 毫米左右,外套覆盖全体躯;体表灰白色或浅黄褐色,背部中央有一条黑色斑点组成的纵带;有触角 2 对,分泌乳白色黏液。

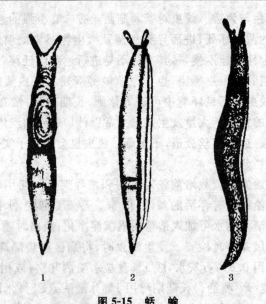

图 5-15　蛞 蝓
1. 野蛞蝓　2. 黄蛞蝓　3. 双线嗜黏液蛞蝓

(2)发生与为害　蛞蝓白天潜伏,晚间、雨后及阴天成群活动取食。一年繁殖一次。卵产于菌袋接种穴内,每堆10～20粒。常生活在阴暗潮湿的草丛、落叶或土石块下。适宜温度为15℃～25℃,高过26℃或低于14℃,活动能力下降。产卵适温比活动适温低,地温稳定在9℃左右即可大量产卵,超过25℃不能产卵。土壤湿度75%左右,适于蛞蝓产卵及孵化。为害方式:蛞蝓爬行所到之处会留下一道道白色发亮的黏质带痕及其排泄出的粪便。菇体被咬成缺刻,伤害组织,咬后幼菇不能分化。有时伤害处也诱发感染霉菌和细菌。

(3)防治方法　搞好场地周围的卫生,清除杂草、枯枝落叶及石块,并撒一层石灰粉。或用茶籽饼1千克,清水10升浸泡过滤后,再加清水100升溶液进行喷洒。夜间10时左右进行人工捕捉。发现为害后,每隔1~2天用5%来苏儿喷洒蛞蝓活动场所。

(四)侵染性病害类型与防治技术

对于茶薪菇侵染性病害,栽培者往往未能很好地识别病态和病原,以至盲目采用化学农药处理,结果不但不能有效防治,反而导致菇体受害,产品农残超标,栽培效益欠佳。这里就常见的侵染性病害特征与病原及防治措施介绍如下。

1. 褐 腐 病

病态表现为受害的茶薪菇子实体停止生长,菌盖、菌柄的组织和菌褶均变为褐色,最后腐烂发臭。病原菌为疣孢霉(*My cogone perniciosa* Magn)。多发生于含水量多的菌袋上,在气温 20℃时发病增多。主要是通过被污染的水或接触病菇的手、工具等传播,侵入子实体组织的细胞间隙中繁殖,引起发病。

防治措施:搞好菇棚消毒,培养基必须彻底灭菌处理;出菇期间保湿和补水用水要清洁,同时加强通风换气,避免长期处于高温高湿的环境;受害菇及时摘除、销毁,然后停止喷水,加大通风量,降低空气相对湿度;采用链霉素 1:50 倍溶液喷洒菌袋,杀灭蕴藏在袋内的病菌,避免第二茬长菇时病害复发;成菇及时采收,在菌盖未完全展开之前采收。采收下来的鲜菇,及时销售或加工处理,夏季存放时间不宜过长。

2. 软 腐 病

受害的茶薪菇菌盖萎缩,菌褶、菌柄内空,弯曲软倒,最后枯死,僵缩。病原菌为茄腐镰孢霉(*Fsolani mart* Sdcc),侵蚀子实体组织形成一层灰白色霉状物,此为部分孢子梗及分生孢子。此病菌平时广泛分布在各种有机物上,空气中飘浮的分生孢子,在高温高湿条件下发病率高,侵染严重的造成歉收。

防治措施:原料暴晒,培养基配制时含水量不超过 60%,装袋后,灭菌要彻底;接种选择午夜气温低时进行,严格无菌操作;菌袋开口诱基前,用 50%敌敌畏乳油 1 000 倍液喷洒杀菌;开口后控制 23℃～25℃适温,空气相对湿度 80%;幼菇阶段发病时,可喷洒 pH 8 的石灰上清液,成菇期发生此病,提前采收,并用 5%石灰水浸泡,产品经清水洗后烘干。

3. 猝 倒 病

感病菇菌柄收缩干枯,不发育,凋萎,但不腐烂,使产量减少,品质降低。病原菌为腐皮镰孢霉(*F. solani* (*Matt*) sacc)。多因培养料质量欠佳,如棉籽壳、木屑、麦麸等原、辅料结块霉变混入;装料灭菌时间拖长,导致基料酸败;料袋灭菌不彻底,病原菌潜藏培养基地内,在气温超过 28℃时发作。

防治措施:优化基料,棉籽壳、麦麸等原、辅料要求新鲜无结块、无霉变;装袋至上灶灭菌时间不超过 6 小时,灭菌上 100℃后保持 16～20 小时;发菌培养防止高温烧菌,室内干燥,防潮、防阳光直射;菌袋适时开口增氧,促进原基顺利形成子实体;长菇温度掌握 23℃～28℃,空气相对湿度 85%～90%;子实体发育期一旦发病应提前采收,及时搔去受害部位的基料,并喷洒 75%百菌清 1 500 倍液,生息养菌 2 天后,喷水增湿促进继续长菇。

4. 黑 斑 病

受害的茶薪菇子实体出现黑色斑点,在菌盖和菌柄上分布,菇体色泽明显反差,轻者影响产品外观,重者导致霉变。病原菌为头孢霉(*Cephalos Porium* SP)。主要是通过空气、风、雨雾进行传播;常因操作人员身手及工具接触感染;菇房温度在 25℃～30℃,通风不良,喷水过多,液态水淤积菇体过甚时,此病易发。

防治措施:保持菇房清洁卫生,通风良好,防止高温高湿;接种后适温养菌,加强通风,让菌丝正常发透;出菇阶段喷水掌握轻、勤、细的原则,每次喷水后要及时通风;幼菇阶段受害时,可用 pH 8 石灰上清液喷洒;成菇发病及时摘除,并挖掉周围被污染部位,并喷洒新植霉素 4 000 倍液,或用 5％异菌脲可湿性粉剂 1 000 倍液喷洒。

5. 霉烂病

受害子实体出现发霉变黑,烂倒,闻有一股氨水臭味,传播较快,严重时导致整批霉烂歉收。病原菌为绿色木霉(*T. uiridepers. ex* S. F. Grey),侵蚀子实体表层,初期为粉白色,逐渐变绿色、墨黑色,直到糜烂、霉臭。多因料袋灭菌不彻底,病原菌潜伏基料内,导致长菇时发作,由菌丝体转移到子实体;同时由于菇房湿度偏高,通风不良有利蔓延,受害菇失去商品价值。

防治措施:彻底清理接种室、培养室及出菇棚周围环境,在菇棚周围约 30 米距离内,喷洒 400 倍多菌灵溶液,密闭 2 天后方可启用;料袋含水量不宜超过 60％,并彻底消毒,不让病菌有潜藏余地;接种严格执行无菌操作,培养室事先喷洒 75％百菌清可湿性药剂 1 500～2 000 倍液,杀灭潜存在室内的病原菌;发生病害后,将病袋移出焚烧或深埋,也可使用 3％石灰拌入处理后进行打碎、堆制发酵处理,作有机肥用。

6. 枯死病

常发生在原基出现后不久枯死,不能分化成子实体,影响一茬菇的收成。其病原为线虫(*Nematodes*)蠕形小动物为害。常在梅雨、闷湿、不通风的情况下发生,线虫以针口刺入菌丝内,吸食细胞液,造成菌丝衰退,不能提供养分、水分供给原基生长与分化,以至枯死;有时也会直接吸食原基和幼菇,使茶薪菇子实体失去生长发育的能力而枯死。

防治措施:菇房及一切用具事先消毒,不给线虫有存活条件;培养料采用先集堆发酵后,再装袋灭菌;发菌培养注意控温,以不超过 28℃ 为好,气温高时应及时进行疏袋散热,夜间门窗全开,整夜通风,使堆温、袋温降低,育好母体,增加抗逆力;适时开口增氧,促使菌丝正常新陈代谢,如期由营养生长转入生殖生长,出好菇;幼菇阶段喷水宜少宜勤,不可过量,防止积水;同时注意通风换气,创造适宜的环境条件。对已受害的及时摘除,并搔除表层,停止喷水 2 天后,让菌丝复壮,然后适量喷水,促进再长菇。

7. 空疮病

子实体形成期常出现被虫咬伤残空疮,失去商品价值。病原主要虫害有小菌蚊(*Sciophila* SP)、蚤蝇(*Megaselia halterata*)和紫跳虫(*H. yqogastrura commuuis* Folsom)。

这些虫害多因菇棚周围乱堆垃圾、杂草丛生,给虫害提供寄生繁衍条件;加之菇房防虫设施不全,虫害飞入无阻。

防治措施:做好菇房及周围的环境卫生,并用石灰消毒,杜绝虫源;菇房门窗和通气孔安装 60 目纱网,阻止成虫飞入;并在网上定期喷植物制剂的除虫菊药液;房内安装黑光灯诱杀,或在房内灯光下放半脸盆 0.1% 7051 杀虫素乳油;也可用粘胶涂于木板上,挂在灯光的附近,粘杀入侵虫害;控制用药,采用低毒、低残留的 5% 氟虫腈悬浮剂 3 000 倍液喷洒杀灭。成菇提前采收。

六、茶薪菇产品规范化保鲜与加工技术

(一)鲜菇采收技术

1. 成熟标准

茶薪菇采收的标准,应根据市场需求而定。保鲜应市菇要求子实体成熟度七成时开始采,一般为菌盖呈半球形,表面光泽,菌柄茁壮伸展,近白色时就要开始采。加工干菇的,则要求子实体八成熟时采收,即菌膜已破,菌盖尚未完全展开,菌柄茁壮伸长,菌褶由白色转为黄褐色时,为适时的采收期。适时采收的茶薪菇,色泽鲜艳,菌盖厚,肉质柔韧;菌柄大小适中,脆嫩,香味浓郁,商品价值高;过期采收,菌伞平展,肉薄,菌柄抽长细小,色变褐,重量减轻,商品价值低。

2. 采收技术

(1)容器选定 采集鲜菇宜用小箩筐或竹篮子装盛,并要轻放轻取,保持茶薪菇的形态完整,防止互相挤压,菇柄折断,影响品质。特别是不宜采用麻袋、木桶、木箱等盛器,以免造成外观损伤或霉烂。采下的鲜菇要按菇柄长短、菇盖大小、朵形好坏进行分类,然后分别装入塑料周转筐内,以便分级加工。

(2)采菇时间 晴天采菇有利于加工,阴雨天一般不宜采,因雨天茶薪菇含水量高,保鲜加工易霉烂;加工干品也难以干燥,影响品质。若菇已成熟,不采就要误过成熟期时,雨天也要适时采收,但要抓紧加工干制。

(3)采收方法 对丛生成熟的菇体,一次性采完。摘菇时左手提菌筒,右手大拇指和食指捏紧菇柄的基部,先左右旋转,再轻轻向上整丛拔起。不让菇脚残留在菌筒上。不可粗枝大叶,防止损伤菌筒表面的菌膜。

(4)采前控水 茶薪菇采收前不宜喷水。因为采前喷水子实体含水量过高,无论是保鲜或脱水加工时会变色,色泽不好,商品价值低。

(二)产品规范化保鲜技术

1. 低温冷藏保鲜

茶薪菇保鲜应市,要求保持原有的形态、色泽和田园风味,要达到这个标准,其保鲜加工技术标准如下。

(1)冷藏设施 根据本地区栽培面积的大小和客户需求的数量,确定建造保鲜库的面积。其库容量通常以能容纳鲜菇3～5吨为宜。也可以利用现有水果保鲜库贮藏。

保鲜库应安装压缩冷凝机组、蒸发器、轴流风机、自动控温装置和供热保温设施等。如果利用一般仓库改建的保鲜库,也需安装有机械设备及工具等。冷藏保鲜的原理是通过降低环境温度,来抑制鲜菇的新陈代谢和抑制腐败微生物的活动,使之在一定时间内,保持产品的鲜度、颜色、风味不变。茶薪菇组织在4℃以下停止活动,因此,保鲜库的温度宜在0℃～4℃为宜。

(2)鲜菇规格质量标准 保鲜茶薪菇要求菌盖半球圆整,菇柄苗壮,长短大小适中,色泽灰白,菇体含水量低,无黏泥、无虫害、无缺破,保持自然生长的优美形态。符合要求者作为冷藏保鲜,不合标准的,作为烘干加工处理。如果采收前 10 小时有喷水的,就不合乎保鲜质量要求。

(3)预冷控制 茶薪菇采收后,菇体内水分大量散失,菌褶开始变褐,风味劣变,商品价值下降,为此采收后要及时移入 0℃～1℃ 的冷库中预冷 15～20 小时,预冷的目的是除去菇体从田间带来的热量,使组织温度降低到一定程度,以延缓代谢速度,防止失水、变黄或腐软。预冷的时间,以菇体中心部位温度降到冷库温度相同为宜。冬季低温季节,当外界气温在 0℃ 左右时,菇体温度低,不需冷库预冷。鲜菇在 -0.5℃ 以下,会产生冻害,应该注意。

(4)包装用品 以预冷的鲜菇,进行分级整修和包装。包装要执行农业部 NY/T 658-2002《绿色食品 包装通用准则》标准。把鲜菇逐层摆放于泡沫塑料箱中每箱净重 14 千克。箱底和箱面铺放包装纸,在箱面纸上放 1～2 袋降温冰块,箱口用胶带贴封。塑料泡沫箱的外形尺寸为长 48 厘米、高 20 厘米。塑料泡沫箱要符合 GB 9689 食品包装用聚苯乙烯树脂成型品卫生标准。包装车间温度恒定在 5℃～10℃。包装后放回 0℃ 的冷库内暂存。

(5)运输要求 根据市场运达时间的长短,进行技术处理。据苏云忠(2005)试验,运输时间在 48 小时内,可在泡沫箱内两侧各放一袋降温冰块,常用 12 厘米塑料袋,每袋装入碎冰 4～5 千克,扎牢袋口,然后盖好箱盖,用塑料胶带封密,采用普通汽车即可运。如果运输时间需 10 天到达,应采用冷藏车运送,温度控制在 1℃±0.5℃。采取上述技术处理,一般鲜菇贮藏期 25 天,好菇率达 97%～100%,变褐色 1.5%,软化率 1%,失重率 1.5%,没有腐烂和异味,感观鲜度好。

运输基本要求快装快运,轻装快卸,防热防冻。运输工具,出口远距离国家,多采用空运,迅速快捷,商品鲜度强;沿海产区与到达国家较短距离的,也可采用冷柜海运,成本低。

2. 超市气调保鲜

所谓超市气调保鲜法,是在一定低温条件下,对菇品进行预冷,并采用透明塑料托盘,配合不结雾拉伸保鲜膜,进行分级小包装,简称 CA 分级包装,然后进入超市货架展销,改观购物环境,这在国外超市上极为流行。

(1)气调保鲜原理　这种拉伸膜包装的原理,主要是利用菇体自身的呼吸和蒸发作用,来调节包装内的氧气和二氧化碳的含量,使菇体在一定销售期内,保持适宜的鲜度和膜上无"结霜"现象。

(2)保鲜包装材料　现有对外贸易上通用塑料袋真空包装及网袋包装外,多数采用托盘式的拉伸膜包装。托盘规格按鲜菇 100 克装用 15 厘米×11 厘米×2.5 厘米;200 克装用 15 厘米×11 厘米×3 厘米;300 克装用 15 厘米×11 厘米×4 厘米。拉伸保鲜膜宽 30 厘米,每筒膜长 500 米,拉伸膜要求具有透气好,且要有利于托盘内水蒸气的蒸发。目前常见塑料保鲜膜及包装制品有:适于菇品超市包装的密度 $0.91\sim0.98$ 克/厘米^3 的低密度聚乙烯(LDPE),热定型双向拉伸聚丙烯材料制成极薄(<15 微米)(OPP)防结雾的保鲜膜,类似玻璃般的光泽和透明度较为理想。托盘是采用聚苯乙烯(PS)材料,通过热成塑工艺制成的不同规格。

(3)套盘包装方法　按照超市需要的菇类品种和菇品大小不同规格进行分级包装。包装机械日本产的托盘式薄膜拉伸裹包机械和袋封口机械,有全自动和半自动。现有国内多采用手工包装机。包装台板的温度计为高中低三档,以适应不同材料及厚度的保鲜膜包装用。包装时分别菇体大小不同规格装入托盘上,一般以每盒 100 克或 200 克装量,袋装的以每袋 500 克装量。包装时将菇体按大小、长短分成不同规格标准定量,排放于托盘上,并拉紧让其紧缩于菇体上即成。一个熟练女工每小时可包装 100 克量的 300～400 盒。

(4)产品质量要求 适于气调保鲜的茶薪菇,要求采前不喷水,无霉烂,无虫害。特级品菌盖直径 4 厘米,柄长 12 厘米;一级品菌盖直径 5 厘米,柄长 15 厘米;二级品菌盖直径 6 厘米,柄长 18 厘米。按照分级标准,分装入塑盘内,并覆膜包装。卫生标准符合国家 GB 7096－2003《食用菌卫生标准指标要求》。农药残留量不得超过 NY/T 749－2003《绿色食品 食用菌》标准化规定农药残留量最大限量指标。

3. 速冻保鲜

速冻技术在我国及世界应用广泛,食品速冻已被广大消费市场接受,如速冻饺子、速冻玉米、速冻蔬菜等。采取速冻休眠技术能改变以往腌制、低温保鲜的模式,力求创新,使茶薪菇鲜菇走出家门,走向世界。福建省古田县雪杉耳珍稀食用菌研究所姚锡耀所长,运用速冻原理,经过多次反复试验,成功完成茶薪菇速冻休眠保鲜技术。其优点是能够保持菇品外观和风味不变。

(1)速冻保鲜原理 采用氟压缩机,结合制冷工程技术构成速冻流水线,让茶薪菇在－60℃条件下迅速催眠细胞,处于休眠状态,再通过－18℃±2℃的冷藏技术处理后,可保鲜期至少 2 年以上。

(2)速冻工艺流程 原料采集→剪蒂分检→洗涤去杂→预煮杀青→冷却装袋→速冻→低温贮藏。

(3)操作技术程序

①原料要求 以菌盖下的菌膜已破,尚未开伞为标准。采摘下来的鲜菇及时加工,从采收到加工完毕必须在 10 小时内完成。采收、分检、除头、洗涤均为人工完成作业,以防菌盖和菌柄损伤,洗净后要剔除断柄、缺盖和开伞菇。

②预煮杀青 宜采用水煮,时间为 15～20 分钟,温度达 90℃

以上,煮时要使菇体全部浸入水中,达到煮透。

③**冷却排湿** 冷却预煮完毕捞出后急剧冷却,用10℃冷水淋洗10分钟,以使菇体中心温度迅速下降至25℃以下。捞起后放在铁丝网上,用电风扇吹干表面水分,时间约30分钟,以防速冻时菇表面结霜。

④**成品包装** 将吹干的茶薪菇按菌盖菇体大小、菌柄长短等级装入塑料复合膜(PC)袋内,通过封口机封口。

⑤**速冻处理** 将包装好的茶薪菇成品,置于速冻机冷冻库内速冻加工,在－45℃条件下保持30～45分钟。

⑥**低温贮藏** 经过速冻后的成品菇,装入塑料泡沫箱内,转入－18℃的冷库中保存,随售随取。

(三)鲜菇脱水烘干技术

茶薪菇脱水烘干是加工的一个重要环节,它占整个产菇量的70%。我国现有加工均采取机械脱水烘干流水线,鲜菇一次进房烘干成品,使茶薪菇形态、色泽好,香味浓郁,品质提高。

1. 脱水干制梯度与等度

茶薪菇脱水干燥的原理,概括为"两个梯度,一个等度"。

(1)湿度梯度 当菇体水分超过平衡水分,菇体与介质接触,由于干燥介质的影响,菇体表面开始升温,水分向外界环境扩散。当菇体水分逐渐降低,表面水分低于内部水分时,水分便开始由内向表面移动。因此,菇体水分可分若干层,由内向外逐层降低,这叫湿度梯度。它是脱水干燥的一个动力。

(2)温度梯度 在干制过程中有时采用升温、降温、再升温的方法,形成温度波动。当温度升高到一定程度时,菇体内部受热;降温时菇体内部温度高于表面温度,这就构成内外的温度差,叫温度梯度。水分借温度梯度,沿热流方向迅速向外移动而使水分蒸发,因此,温度也是干燥的一个动力。

(3)平衡等度 干制是菇体受热后热由表面逐渐转向内部,温度上升造成菇体内部水分移动。初期一部分水分和水蒸气的移动,使体内、外部温度梯度降低;随后水分继续由内部向外移动,菇体含水量减少,即湿度梯度变小,逐渐干燥。当菇体水分减少到内外平衡状态时,其温度与干燥介质的温度相等,水分蒸发作用就停止了。

2. 机械烘干技术规程

茶薪菇脱水烘干每 11 千克鲜菇,烘成干品 1 千克,晴天 16 小时,雨天菇体含水量高需 18~20 小时。

(1)精选原料 鲜菇要求在八成熟时采收。采收时不可把鲜菇乱放,以免破坏朵形外观;同时鲜菇不可久置于 24℃ 以上的环境中,以免引起酶促褐变,造成菇褶色泽由白变浅黄或深灰甚至变黑;同时禁用泡水的鲜菇。根据市场客户的要求分类整理。在烘干前,为了降低鲜菇含水量,可把鲜菇排于烘干筛上晾晒 4~5 小时,以手摸菇柄无湿感为准。

(2)装筛进房 把鲜菇柄大小、长短分级,重叠于烘筛上。其叠菇的厚度以不超过 16 厘米为适,若叠菇量太薄,整机烘干量少;太厚叠堆中烘干度差,一般每筛排放鲜菇 2~2.5 千克为适。摊排于竹制烘筛上,然后逐筛装进筛架上。装满架后,筛架通过轨道推进烘干室内,把门紧闭。若是小型的脱水机,则只要把整理好的鲜菇摊排于烘筛上,逐筛装进机内的分层架上,闭门即可。烘筛进房时,应把菇柄长、大、湿的鲜菇排放于中层;菇柄短小的、薄的排于上层;质差的排于底层。

(3)掌握温度 鲜菇装入烘干房后,要掌握好始温、升温和终温三个阶段。

①始温 鲜菇含水量高,突然与高热空气相遇,组织汁液骤然膨胀,易使细胞破裂,内容物流失。同时,菇体中的水分和其他有机物,常因高温而分解或焦化,发生菇褶变黑,有损成品外观与风味。干燥初期的温度也不能低于30℃,因为起温过低,菇体内细胞继续活动,也会降低产品的等级。各地实践证明茶薪菇起烘的温度以40℃为宜。通常鲜菇进房前,先开动脱水机,使热源输入烘干房内,使鲜菇一进房,就处在40℃条件下,有利于钝化过氧化物酶的活性,持续1小时以上,这样的起始温度,能较好地保持鲜菇原有的品质。

②升温 持续40℃1小时以上之后,介质温度不能升得过高和过快,温度过高,菇体中酶的活性迅速被破坏,影响香味物质的形成;温度上升过快,会影响干品质量。因此,应采用较低温度和慢速升温的烘干工艺。一般使用强制通风式的烘干机,干制温度可从40℃开始,逐渐上升至60℃;使用自然通风式烘干机的,可从35℃开始,逐渐上升至60℃,升温速度要缓慢,一般以每小时升温1℃~3℃为宜。

③终温 干制的最终温度也不能过高。如高于73℃,茶薪菇的主要成分蛋白质将遭到破坏。同时在过高的温度下,菇体内的氨基酸与糖互相作用,会使菌褶呈焦褐色。但温度也不能过低,如低于60℃,则干品在贮藏期间,容易发生谷蛾、蕈蚊等害虫的为害。因为原已产在菇体上的这些害虫的卵,其致死温度为60℃,且需持续2小时,所以干制的最终温度,一般以不低于60℃为原则,烘干时间为1~2小时。

(4)排湿通风 茶薪菇脱水时水分大量蒸发,要十分注意通风排湿。当烘干房内空气相对湿度达70%时,就应开始通风排湿。如果人进入烘房时骤然感到空气闷热潮湿,呼吸窘迫,即表明相对湿度已达70%以上,此时应打开进气窗和排气窗进行通风排湿。干燥天和雨天气候不同,鲜菇进烘房后,要灵活掌握通气和排气口的关闭度,使排湿通风合理,烘干的产品色泽正常。

(5)干度测定 经过脱水后的成品,要求含水率不超过 13%。测定含水量的方法:感官测定,可用指甲顶压菇柄,若稍留指甲痕,说明干度已够,若一压即断说明太干;电热测定,可称取菇样 10克,置于 105℃电烘箱内,烘干 1.5 小时后,再移入干燥器内冷却20 分钟后称重,样品减轻的重量,即为茶薪菇含水分的重量。鲜菇脱水烘干后的实得率为 11∶1,即 11 千克鲜菇得干品 1 千克。若是采取加工前菇体经晾晒排湿 4～5 小时的,其干品实得率为7∶1。鲜菇脱水烘干时,也不宜烘干过度,否则易烤焦或破碎,影响质量。

(四)真空冻干技术

真空冻干(FD)的菇品质量优于脱水烘干的菇品。真空冻干技术能够在缺氧和低温条件下,使产品形、色、味和营养成分与鲜品基本相同,且复水性较强。因此在国际市场上迎合现代消费人群,对食品"绿色、营养、安全、方便"的要求,深受青睐,其价格明显高于同类的普遍干燥菇品。因而成为新一代食用菌加工技术,发展前景可观。

1. 真空冻干原理

真空冻干是利用冻结升华的物性,将鲜菇中水分脱出,这种升华现象在大蒜、生姜、辣椒、水果等休闲小食品加工方面已广泛利用。而我国现行鲜菇脱水则是采取加热的物性将水脱出,对升华脱水利用较少。其实水(H_2O)有固态水、液态水、气态水,在一定条件下,这三态可以互相转化。在一定温度和压力下,使水降温结冰,冰加热升华为汽,汽降温又升华为冰,冻干就得用这种升华原理把鲜菇脱水干燥。

2. 基本配套设施

冻干生产的普通厂房内,设前处理车间、冻干车间和后处理车间三个。前处理车间必备台案、水槽、甩干机、夹层锅炉等。这主要用于深加工冻干小食品。冻干车间内配置速冻床、干燥仓,以及真空、加热、监控等设备。后处理车间应备挑选台、振动筛、金属检测器,真空封口机等。

3. 冻干技术规程

(1)原料筛选 首先将进厂鲜菇剔除霉烂菇、带泥菇、浸水菇、病虫害和机械损伤菇。然后按照菇体大小、菇柄长短进行区分,装入泡沫塑料箱内,每箱装量 10～15 千克。

(2)进库冻结 装筛选好的原料菇,连同泡沫菇,通过输送带传送在隧道内,依次通过预冻区、冻结区、均温区,进入冷冻库。菇品经速冻库-30℃以下的温度速冻后,把库内温度调控在-18℃以下经 1～2 小时,然后再保温 1～2 小时,使菇体冻透,处于冰冻状态。

(3)加压升华 冻干主要掌握温度和压力。生产时温度调控 0.01℃和压力 6 105 帕以上,使菇体内水分蒸发成气体,形成水;随着水降温使其结为冰。冰加热可直接升华为气(不经过液态),气降温直接使其凝华为冰,使固态水、液态水、气态水互相转化。升华的中后期蒸汽量逐步渐减,仓内真空升高,此时制冷量可适当减少。升华结束后,物化结合水处于液态,此时应进一步提高菇体温度,进入解析阶段,使这部分水分子能获解析,逼使菇体干燥。菇品体态大小、厚薄有异,在这种低温冷冻的条件下,一般经过 10～15 小时可把菇体脱水干燥。

(4)低温冷藏 真空冻干后的菇品,应迅速转入干燥房内包装。室内空气相对湿度要求 40%以上,以免干品在包装过程吸潮。干品包装后置于−40℃低温下,冷冻 40 小时,杀灭在贮存过程中受外界侵入的杂菌、虫体及卵,然后起运出口。

真空冻干生产是食用菌加工业新开发项目,适于加工企业拓宽业务。但相对而言,其设备比普通热风脱水干燥投资大些,在开发此项产品时,应根据对外贸易客户订单的要求,顺应市场,稳定发展。而对国内市场所需的旅游,休闲菇品的加工,它与真空油炸可并肩而进。

(五)干菇贮藏安全保管技术

茶薪菇干品吸潮力很强,经过脱水加工的干品,如果包装、贮藏条件不好,极易回潮,发生霉变及虫害,造成商品价值下降和经济损失。为此,必须把好贮藏保管最后一关。

1. 检测干度

凡准备入仓贮藏保管的茶薪菇,必须检测干度是否符合规定标准,干度不足一经贮藏会引起霉烂变质。如发现干度不足,进仓前还要置于脱水烘干机内,经过 50℃～55℃烘干 1～2 小时,达标后再入库。

2. 严格包装

茶薪菇脱水烘干后,应立即装入符合 GB 9687 卫生规定的低压聚乙烯双层塑料袋内,袋口缚紧,不让透气。包装前严格检查,所有包装品应干燥、清洁,无破裂,无虫蛀,无异味,无其他不卫生的夹杂物。按照出口要求规格,用透明塑料包装,每袋装量 3 千克,用抽真空封口。外用瓦楞纸包装箱,规格 66 厘米×44 厘米×57 厘米,箱内衬塑料薄膜,每箱装 5～6 袋。要严格执行农业部

《农产品包装和标识管理办法》中的有关规定。

3. 专仓贮藏

贮藏仓库强调专用,不得与有异味的、化学活性强的、有毒性的、易氧性的、返潮的商品混合贮藏。库房以设在阴凉干燥的楼上为宜,配有遮阴和降温设备。进仓前仓库必须进行 1 次清洗,晾干后消毒。用气雾消毒盒,每立方米 3 克,进行气化消毒。库房内相对湿度不超过 70%,可在房内放 1～2 袋石灰粉吸潮。库内温度以不超过 25℃为好。度夏需转移至 5℃左右保鲜库内保管,1～2年内色泽仍然不变。仓库定期检查,发现霉变即另作处理。

(六)盐渍菇加工技术

盐渍也是茶薪菇加工的一种形式,通过盐渍来控制菇体酶组织的活力,使其保持采收后的成熟度,使产品既有本品的特征,又有独特的风味,因此颇受市场青睐。下面介绍目前较为常用的盐渍加工基本工艺流程。

1. 原料选择

凡供盐渍加工的茶薪菇,应适时采收,其蛋白质含量高,香味纯正浓郁,质地脆嫩,色泽鲜艳,耐贮存。通常掌握菇体八九成熟采收。采收后应及时加工,原料愈新鲜,加工出来的品质也愈好。因此,从采收到加工一般不要超过 24 小时,间隔时间愈短愈好。如果时间拖得过长,风味愈差,色泽改变,影响加工成品的质量。采收后要根据菇体大小、重量、品质进行分级。在分级过程中,要除去霉烂、病虫害残次菇及泥沙等杂质;并将根部的黑蒂去掉。当天采收,当天加工,不可过夜。

2. 预煮杀青

将鲜菇浸入 5%～10% 的盐水中,用不锈钢锅或铝锅预煮。预煮目的是杀死菇体细胞组织,进一步抑制酶活性,排出体内的水分,使气孔放大,以便盐水很快渗透菇体。现在介绍两种预煮法。

(1)热水预煮法 先将水煮沸或接近沸点,然后把鲜菇投入水中,加大火力使水温达到 100℃ 或接近沸点温度。沸时间依菇体大小而定,一般为 7～10 分钟,经剖开菇体内没有白心为度,然后捞出,立即投入流动清水中冷却。为减少可溶性物质的损失,煮沸水可多次使用。如菇量过多,一时处理不完,可用 1% 的盐水浸泡,在短期内保存处理。

(2)蒸汽预煮法 将鲜菇装入蒸锅或蒸汽箱中,用锅炉供给蒸汽,温度控制在 80℃～100℃,处理 5～15 分钟后,立即关闭蒸汽,取出冷却。采用此法,可以避免营养物质的大量损失,但必须要有较好的蒸汽设备,否则受热不匀,预煮质量差。

3. 加盐腌制

把预煮冷却沥去水分的菇体,按每 100 千克加 50 千克食盐进行盐渍。现介绍三种盐渍方法。

(1)层盐层菇法 先在缸底铺 2 厘米厚的盐,再铺一层菇,再逐层加盐、加菇,直至缸满,最后一层盐稍厚;放上竹帘,再压上重物;然后加入煮沸后冷却饱和盐水,调整 pH 3.5 左右,上盖纱布,防止杂物混入。经常检测缸内盐液浓度,保持 18 波美度以上,即 1 升盐水中食盐含量为 205 克以上。

(2)饱和盐水法 先将缸内装入饱和盐水,然后放入经预煮凉透的菇体,再压重物,盖上纱布。由于加入菇体后盐水浓度会降低,要不断补充盐分,始终保持盐液成饱和状态。

(3)梯度盐水法 经预煮冷透的菇体,先浸入 10%～15% 的盐水中,让菇体逐渐转成正常黄白色,经 3～5 天后,把菇捞出沥干水。然后转入 23%～25% 的盐水中浸渍一周左右。这段时间要勤检查,一旦发现盐水溶液含盐量不足 18% 时,应立即补上。加盐方法是适当去掉缸内的淡盐水,加上饱和盐水,盐水浓度调至18% 或稍高。一般情况转缸两次即可,每次转缸后要用竹帘压上,使盐水淹过菇面,以防面上的菇体露空变色。

4. 翻缸装桶

盐渍完毕进入翻缸阶段。如果没有打气搅拌盐水,冬天应 7 天翻缸一次,共 3 次;夏天应 2 天翻缸一次,共 10 次,即可装入塑料桶。装满桶后加入饱和盐水,再加 300～400 克柠檬酸,并测试酸碱度。测定后按要求的重量,将菇体装入塑料袋内,加上封口盐,用线扎紧塑料袋口。现有专用塑料包装桶,每桶装量净重 50千克左右,即可贮藏或运输。

5. 质量标准

盐渍茶薪菇感官标准:色泽淡黄色、黄褐色,具有盐渍的滋味和气味,无异味。形态按照品种不同而定,菌盖菌柄完整,氯化钠含量 20 波美度以上,pH 3.5～4.2,食盐符合 GB 5461 标准要求,致病微生物不得检出。盐渍品保质期可达 2 年以上。

(七)糟制品加工技术

福建省古田县闽联食品有限公司董事长周诗连和总经理周亮,通过反复试验研制成功一种"糟制美味茶薪菇即食品",获发明专利,经省科技厅组织专家鉴定,2010 年获古田县科技进步二等奖。该产品被国家轻工产品质量保证中心评为"质量信得过好产品",推荐上海世博会参展的福建特色产品。

茶薪菇糟制生产工艺流程:原料筛选→修剪清洗→热汤杀青→排湿脱水→糟料渍制→漂洗调味→成品包装。

1. 原料筛选

糟制即食美味茶薪菇选料严格,要求菇盖开伞度七八成,盖大不超过 3 厘米,肉质坚韧;菌柄顺直整齐,长度不超过 15 厘米,粗细等同;色泽浅黄色,含水量不超过 90%;无霉烂变质,蒂头不带杂质,无病虫害、无污染的优质菇。

2. 修剪清洗

将筛选合格的鲜菇,剪掉蒂头黑色带培养基的部分,置于流动的清水池中,加入 0.6%盐水浸泡,洗去黏附在菇体上泥屑杂质,再用 0.1%柠檬酸溶液(pH 4.5)漂洗,抑制菇体内的多酚氧化酶的活性,防止菇色变深或变黑。

3. 杀酶冷却

采用不锈钢锅或铝锅,按每 100 千克鲜菇量,加入清水 120 升,食盐 5 千克下锅烧开。将菇体投入锅内热烫,水温以 85℃～90℃,处理 3～5 分钟。当菇体下沉,上面汁液清澈,无泡沫时即可起锅。如果采用蒸汽杀青,在温度 96℃～98℃的范围内处理 2～3 分钟即可。杀青的目的是破坏菇体内的多酚氧化酶活力,同时排出菇体组织的空气,使组织收缩、软化,减少加工制作时脆断。

4. 排湿脱水

杀青后菇品体内含水量达 80%以上,如果不排湿脱水即行糟制时,会影响风味,且还会发生酸败。排湿脱水采用甩干机控干。方法:将杀青后的菇品,先置于通风处散热 30～40 分钟,然后装入尼龙网或纱布袋内,置于甩干机内沥去菇体水分,至含水量 20％为适。

5. 糟料配制

糟料选用大米酿造红酒榨下的糟粕,又称酒渣。按 1∶1 加入食盐,混合搅拌均匀即成糟料。将排湿控干后的茶薪菇,按每 100 千克,加入糟料 20 千克,采取二步腌渍,第一次先将菇体与糟料量的 40％,进行搅拌揉搓均匀,使每条菇柄都粘上糟料,静置 2～3 天后进行清洗;然后再将 60％的糟和菇进行第二次拌匀,装入缸或桶内腌制,时间 15 天以上,让糟料渗透菇体内,使之着味。

6. 漂洗调味

将腌制后的糟制品提出,沥去腌渍过程的汁液。然后按照南北方消费口味的习惯要求,再加入精盐、味精、辣椒粉、熟食用油、蒜头汁、生姜粉等调味品,反复拌匀,吸料 30 分钟后可包装。

7. 成品包装

采用聚乙烯(PE)或聚偏二氯乙烯(PVDC)包装袋。每袋装量分别为 50 克、100 克、150 克、200 克小包装,真空封口。装袋封口后,经高压灭菌处理;再置于流动清水中速冷,取出用纱布擦净袋面,经入库保温,检验合格后即可装箱入库或上市。包装用品应符合 NY/T 658－2002《绿色食品包装通用准则》和 GB 9687－1988《食品包装用聚乙烯成型品卫生标准》。

8. 质量标准

菇体色泽粉红,味道酒香,无异味,质地柔软嫩脆,富有弹性,无杂质;风味独特,口感宜人,开包即食。产品质量应符合 GB 7096－2003《食用菌卫生标准》。

(八)罐头制品加工技术

1. 选料整理

选择菇体尚未开伞时采收,一般菇盖直径为 1～2 厘米。菇柄长 8～10 厘米,然后用自来水洗去除杂质和散发的孢子。漂洗前可用柠檬酸液适当浸泡,具有漂白和韧化组织的作用,且可防止在漂洗过程中菌盖过度破碎。

2. 杀青分级

在 100 升水中加入柠檬酸 150 克、食盐 4 千克即配成预煮液。预煮的固液比(菇体:预煮液)为 1:1.5～2。先将预煮液煮沸,加入菇体后再煮 10～15 分钟,然后置流动水中冷却,按菇盖大小分级,以利装罐。

3. 汤液配制

汤液以 2.5％的食盐溶液中加入 0.05％的柠檬酸及少量维生素 C 为佳。煮沸保存一段时间,装罐汤液要求保温 80℃以上。

4. 装罐杀菌

罐用 350 毫升金属螺旋盖玻璃瓶,按净重的 55％～60％装入菇体,加满汤汁。排气封罐要求罐中心温度达到 80℃以上。杀菌在 147.1 千帕压力下,维持 20 分钟;然后用流动水快速冷却。于 35℃条件下保温 3 天,检查无杂菌和胀罐现象,即可入库。

5. 产品标准

(1)感官指标 菇体条状完整,无蒂、无碎屑,呈黄褐色或浅黄色;糖水清澈透明,具有茶薪菇应有的滋味和香气,无异味。

(2)理化指标 固形物含量不低于净重 53%,氯化钠含量 0.8%~1.5%,pH 5.2~6。

(3)卫生指标 应符合国家 GB 7098—2003《食用菌罐头卫生标准》要求。

(九)蜜饯茶薪菇加工技术

以茶薪菇子实体为原料,加工成蜜饯,成为旅游休闲即食品,很受欢迎。

1. 选料处理

菇盖大小中等、色泽正常、菇形完整、无病虫斑点的新鲜菇品,及时用水清洗干净,快速捞出控干水分。

2. 杀青修整

锅中放入清水并加 0.8%左右柠檬酸,煮沸后将沥干的菇放入,继续煮 5~6 分钟,捞出后立即在流动清水中冷却至室温。然后用不锈钢刀修削菇柄下部分变褐部分。对个头较大的菇体,必须进行适当切分,并剔除碎片及破损严重的菇体,使菇块大小一致。

3. 护色腌制

制备 0.2%焦亚硫酸钠的溶液,并加入适量的氧化钙,待溶化后放入菇块,浸泡 7~9 小时,捞出再用流动清水漂洗干净。然后取菇块重量 40％的糖,一层菇、一层糖,下层糖少,上层糖多,表面覆盖较多的糖。腌制 24 天以上,捞出菇块,沥去糖液,调整糖液浓度为 50％～60％,加热至沸,趁热倒入浸菇缸中,要浸没菇块,继续腌制 24 小时以上。

4. 糖液浸泡

将菇体连同糖液倒入不锈钢夹层锅中,加热煮沸,并逐步向锅中加入糖及适量转化糖液,煮至有透明感。糖液浓度达 62％以上时,立即停火。然后将糖液连同菇体倒入浸渍缸里,浸泡 24 小时后捞起,沥干糖液。

5. 烘烤包装

将沥净糖的菇块放入盘中,摊平后送入烘房进行烘烤。烘烤温度控制在 65℃～70℃,时间 15～18 小时,当菇体呈透明状,手摸不黏即可取出。烘烤后的产品,经回潮处理,对质检合格的产品,即用塑料袋小包装。

附录一　茶薪菇菌种及
相关技术咨询专家信息

姓　名	单位名称	咨询内容	通讯地址	电　话
阚庆洲	庆洲菌场	菌种选育	福建省古田县 614 中七支路	13860342923
王绍余	长白山真菌研究所	基础理论	吉林省蛟河市 132500 信箱 76 分箱	043－6720154
郑传强	强力菌场	制种与栽培	福建省古田县平湖镇玉源 6 支路 15 号	15859388655
彭高平	高平食用菌研究所	制种与栽培	福建省古田县 614 中路 8 号	15359035668
黄庆洵	日鑫食用菌研究所	菌种分离	福建省古田县城东职专上 150 米	13950520396
汤积强	福泰塑料厂	金凤牌塑料袋	福建省古田县 614 路 512 号 A3	13905937937
周　星	文彬食用菌机械修造厂	食用菌配套机械	福建省古田县城西河东路 5 号	13959335558
方金山	丁湖食用菌研究所	病虫害防治	江西省抚州市临川区罗针镇	13979402079
钟冬季	日新食用菌研究所	菌包出口	福建省古田县 614 龙祥支路三弄 2 号	13509587921
周　亮	闽联食品有限公司	产品深加工	福建省古田县平湖机械厂桥头工业区	15860691796
涂改临	九湖食用菌研究所	工厂化设施	福建省龙海市九湖食用菌研究所	0599－6638338
陆志敏	科峰食用菌研究所	栽培技术	福建省古田县城东永洋村	13178300651
陈建江	绿康食品有限公司	产品营销	四川省彭州市升平镇积泉村	15828582298

附录二　茶薪菇生产成本与效益核算

茶薪菇商业性生产的成本大小、效益多少，与产区原料资源、劳动力工值和生产管理技术求平，以及产品市场价格等均有着密切关系。为了便于各地栽培者了解茶薪菇生产成本及经济效益，这里以主产区福建省古田县生产为实例进行测算。

1. 生产成本核算

茶薪菇成本包括直接费和间接费两个方面。现以栽培 1 万袋的成本核算见表 1、表 2。

表 1　茶薪菇生产直接费明细表

项　目	单　位	用　量	单　价（元）	金　额（元）	备　注
一、配方原辅料(100%)	千克	3500	2.40	7915	以 15 厘米×30 厘米规格袋,装料量每袋干品 350 克,按正常市场价格测算
其中:棉籽壳(80%)	千克	2800	1.80	6720	
麦麸(18%)	千克	630	0.64	1134	
石灰(2%)	千克	70		46	
其他配料				15	
二、材料				510	每千克 250 个袋计算
其中:塑料栽培袋	千克	40	12	480	
扎袋口包装袋	千克	3	10	30	
三、消毒用品				30	
其中:气雾消毒盒	盒	50	0.50	25	
酒楼	只	1	5	5	

续表 1

项 目	单位	用量	单价 (元)	金额 (元)	备 注
四、燃料 煤(蜂窝煤)	块	800	0.55	440	用于料袋灭菌,若利 用废菌料作燃料可 节省70%
五、菌种 栽培种	袋	270	1.20	324	12厘米×32厘米袋 菌种,平均每袋接种 38袋
合 计				9219	

表 2 茶薪菇生产间接费与投工明细表

项 目	单价 (元)	折旧率 (%)	应摊销金额 (元)	作业工种	劳动日 (个)	作业范围
培养料搅拌机	4300	3	129	备 料	2	每小时1250袋,连扎口
多功能装袋机	800	5	40	材料装袋	8	含料袋上灶和卸袋
常压钢板灭菌灶	3600	3	108	灭 菌	6	含菌袋进出房
产品烘干机	3500	3	105	接 种	10	含上架检查杂菌 及菌袋进出房
生产工具分摊	100	10	10	发菌管理	16	开口日常管理
电 费			83	出菇管理	22	采收、整理、烘干
发菌罩膜 (30米)	280	15	42	采收加工	10	按男女平均 工资值80元计算
菇 棚	4000	15	600			
合 计			1117	合 计	74	5920

2. 核算公式

成本＝栽培原辅材料的直接费用＋生产配套设施分摊的间接费用

产值＝茶薪菇产量×现行当地收购价(元/千克)

利润＝产值－成本,其余额即利润或称剩余价值

工值＝利润÷劳动投工,即每日工值

3. 经济效益测算

以栽培1万袋的茶薪菇,按照上述两表成本核算的数值,进行效益测算如下。

(1)生产成本核算　直接费9 219元,间接费1 117元,作业投工74个劳动日(按男女工平均工资80元/天)为5 920元,合计总成本为16 256元,1万袋平均成本为1.63元/袋。

(2)生产效益测算　按产出鲜菇400克/袋,单价8元/千克,纯利润为1.57元/袋。

(3)投入与产出比　按上述核算结果的数值,投入与产出比为1:2左右,投入与利润比1:1左右。

(4)劳动工值核算　栽培1万袋纯收入15 700元,作业总投工74个劳动日,则工值为212元/日,减去表2作业投工平均工资80元/日,剩余价值132元/日。

4. 特效性与风险性分析

棉花、小麦产区,其原辅料就地取材,成本可比上述测算降低20%。在市场经济深入发展的今天,价格行情起落波度较大,2011年圣诞节和春节期间,茶薪菇鲜品在古田县产地收购价最高时20元/千克,这属于特殊效益。而在南方诸省秋季旺产期,自然气温

适宜菇峰焕发,产品蜂涌入市,非正常时期最低收购价5.6元/千克。尽管是落到这个最低价位时,按正常产量400克/袋计算,其产值2.24元/袋,除成本1.63元/袋外,尚可获利0.61元/袋。如果自家劳动力参加作业,可节省工资开支,其可比的效益就增加。因此,相对而言茶薪菇生产管理较一般菇菌粗放些,其效益可靠性大,亏本率较低,所以容易被广大菇农所接受。

主要参考文献

[1] ［美］ V. W. 哥克兰,等. 陈驹声,等译. 真菌生理学. 北京:科学出版社,1983.

[2] 戴芳溯. 真菌的形态与分类. 北京:科学出版社,1987.

[3] 黄年来. 中国食用菌百科. 北京:农业出版社,1992.

[4] 杨新美. 中国食用菌栽培学. 北京:农业出版社,1998.

[5] 徐崇敬. 英日汉食用菌词典. 上海:上海科学技术出版社,2000.

[6] 黄年来,林志彬,等. 中国食药用菌学. 上海:上海科学技术出版社,2010.

[7] 卯晓岚. 中国大型真菌. 郑州:河南科学技术出版社,2000.

[8] 罗信昌,等,食用菌病虫杂菌及防治. 北京:中国农业出版社,1994.

[9] 中华人民共和国国家标准. 农产品安全质量要求. 北京:中国标准出版社,2001.

[10] 中华人民共和国农业部. 绿色食品,产地环境技术条件. 北京:中国标准出版社,2000.

[11] 李正明,等. 无公害安全食品生产技术. 北京:中国轻工出版社,1999.

[12] 李银庆. 茶薪菇高产栽培技术. 广州:广东科学技术出版社,2000.

[13] 王世东,曹德宾,等,绿色食用菌标准化生产与营销. 北京:中国化学工业出版社,2000.

［14］《福建食用菌·茶薪菇》．北京：中国农业出版，2008．

［15］ 丁湖广，丁荣峰．怎样提高茶薪菇种植效益．北京：金盾出版社，2008．

［16］ 丁湖广，丁荣辉．木生菌高效栽培技术问答．北京：金盾出版社，2008．

［17］ 包水明，方金山，等．茶薪菇无公害栽培实用新技术．北京：中国农业出版社，2010．

［18］《食用菌》，《中国食用菌》，《食药用菌》．2009～2011．